DEUTSCHE MILITÄRLASTWAGEN
BIS 1945

Werner Oswald

Motor buch Verlag

Einbandgestaltung: Luis dos Santos

Bildnachweis: Die zur Illustration dieses Buches verwendeten Aufnahmen stammen – wenn nichts anderes vermerkt ist – aus dem Archiv des Verfassers oder sind Public Domain.

ISBN: 978-3-613-04216-2

1. Auflage 2019

Sie finden uns im Internet unter www.motorbuch-verlag.de

Lektorat: Joachim Köster
Innengestaltung: tebitron GmbH, 70839 Gerlingen & Gold Rose Publishing Ltd., 70190 Stuttgart
Druck und Bindung: Conzella, 85609 Aschheim-Dornach
Printed in Germany

INHALT

Werner Oswald

Lieber Leser,

Bereits im Ersten Weltkrieg wurden Automobile und Lastkraftwagen zum schnellen Transport von Soldaten und Material eingesetzt und begannen hier, das Pferd in seiner traditionellen Rolle kontinuierlich zu verdrängen. Doch selbst die Wehrmacht zog in den Zweiten Weltkrieg noch mit einer Unzahl an Pferden, aber natürlich darüber hinaus mit vielen Personen- und Lastwagen der unterschiedlichsten Hersteller. Die allerdings waren stets die Achillesferse des Heeres, es gab nie genug, um auch nur die Ausfälle zu ersetzen, geschweige denn den Motorisierungsgrad wesentlich zu erhöhen. Und weil geeignetes Material knapp war, wurden alle möglichen Zivilfahrzeuge verwendet, wobei es keine Rolle spielte, ob sie dafür überhaupt taugten: Räder mussten rollen für den Sieg, und auch wenn sie das nicht taten, so ergab sich doch bei den Nachschubeinheiten ein Sammelsurium von Fahrzeugen und Marken.

Der vorliegende Band stellt die häufigsten militärisch genutzten Personen- und Lastkraftwagen vor, die in Deutschland bis 1945 bei der Kaiserlichen Armee, der Reichswehr und der Wehrmacht zum Einsatz gekommen sind. Zu diesen zählten zwar vor allem Fahrzeuge deutscher Hersteller, doch wurde speziell im Zweiten Weltkrieg alles in den von der Wehrmacht besetzten Ländern verwendet, was motorisiert war und fahren konnte.

Im ersten Teil des Buches werden die deutschen Militärfahrzeuge aus der Zeit des Ersten Weltkriegs bis zum Jahr 1920 porträtiert, im zweiten Teil folgen diejenigen aus der Zeit der Weimarer Republik bis zum Ende des Zweiten Weltkrieges. Darunter befinden sich so illustre Namen wie Adler, Audi, Benz, Daimler, Erhardt, Ford, Horch, Mercedes, NAG, Protos, Stoewer, Steyr, VW, Wanderer, und viele weitere, aber auch Beutefahrzeuge von Bedford, Peugeot und Renault. Nicht vergessen werden auch die für Deutschland oder seine Verbündeten hergestellten Fahrzeuge von Herstellern wie Tatra, Skoda, Fiat oder Bianchi Miles.

Deutsche Militärfahrzeuge bis 1920

Personenautomobile beim deutschen Heer vor und im ersten Weltkrieg

In der Zeit zwischen den beiden Kriegen 1870/71 und 1914/18 machte zwar die Industrialisierung aller damals politisch bedeutenden Länder gewaltige Fortschritte, ihre Armeen aber blieben von den Möglichkeiten der modernen Technik merkwürdigerweise nahezu unbeeinflußt. Militärtechnisch begann der erste Weltkrieg fast genauso, wie der 70er-Krieg endete. Noch hatten es die traditionsgemäß stockkonservativen Heeresleitungen aller Länder jener Zeit nicht begriffen, in wie vielfältiger Weise schon bald nach der Jahrhundertwende das Motorfahrzeug der Kriegführung hätte nutzbar gemacht werden können. Nur zögernd machte man sich mit dem Gedanken vertraut, Nachschubkolonnen mit Lastwagen zu motorisieren, schwere Geschütze mittels Zugmaschinen beweglicher zu machen, Sanitätskraftwagen zur schnelleren Versorgung Verwundeter einzusetzen sowie höhere Kommandeure, ihre Stäbe und Offiziers-Ordonnanzen mit Personenwagen auszurüsten. Im Kampfgeschehen spielte das Automobil selbst während des ersten Weltkriegs noch kaum eine Rolle, sofern man von den wenigen Artilleriefahrzeugen absieht oder von den Tanks, die ab 1916 gelegentlich und später etwas öfter zum Einsatz gelangten.

Deutsche Militärautomobile auf einer serbischen Landstraße (1916).

So blieb der Bedarf an Personenautos im ersten Weltkrieg relativ gering, und es bedurfte dazu noch keiner speziellen Konstruktionen. Für die Erstausstattung der deutschen Feldtruppen ließ sich genügend Fahrzeugmaterial aus den zivilen Beständen requirieren. Sie verfügten im August 1915 über 8600 Personenkraftwagen, 10 400 Lastkraftwagen und 1700 Krafträder. Somit konnte man die Personenwagenfertigung in Deutschland, die 1913 etwa 12 400 Stück betragen hatte, auf den dritten Teil beschränken, was für den Ersatzbedarf ausreichte. Um so mehr mag es aus heutiger Sicht überraschen, daß so viele deutsche Fabriken während des ersten

Weltkriegs die Produktion von Personenwagen in freilich meist recht bescheidenem Umfang weiterführten: Adler, Audi, Benz, Cyklon, Dürkopp, Fafnir, Hansa, Horch, Mathis, Mercedes, Nacke, NAG, NSU, Opel, Sperber, Stoewer, Wanderer. Zahlenmäßig größter Produzent war Opel mit einem durchschnittlichen Monatsergebnis von 100 Personen- und Sanitätskraftwagen, 100 Dreitonner-Lastkraftwagen, 100 Flugmotoren und 1000 Fahrrädern.

Bei allen Personenwagen, welche die deutschen Armeen im Weltkrieg 1914/18 verwendeten, handelte es sich um normale Serienmodelle, soweit man damals überhaupt von Serien reden konnte, jedenfalls um normale Modelle in der gleichen Ausführung, wie sie für den zivilen Bedarf zur Verfügung standen. Besonderheiten beschränkten sich auf den feldgrauen Anstrich sowie Gewehr- und Spatenhalterungen, zusätzliche Benzinkanister und ähnliche Dinge. Nur vereinzelt und für spezielle Zwecke wurden größere Umbauten vorgenommen. Die Eignung zum Heeresgebrauch setzte allerdings eine außergewöhnliche Robustheit voraus, denn sehr oft wurden schlechteste Wege befahren, und zudem geschah es gewiß viel häufiger als im zweiten Weltkrieg, daß man die Fahrzeuge in unsinniger Weise überlud. Als ob dies selbstverständlich wäre, hatten Autos, die für den Transport von 5 bis 6 Personen konstruiert waren, 12 oder gar noch mehr Soldaten samt deren Waffen und sonstiger Ausrüstung dahinzuschleppen. Folglich verloren die Truppen ihre wenigen Personenautomobile damals kaum je durch Feindeinwirkung, sondern viel mehr durch Schäden infolge Überbeanspruchung: Die Fahrzeuge brachen oft buchstäblich auseinander.

Aus den Erkenntnissen des ersten Weltkriegs hat die militärische Führung gelernt, daß sich zivile Personenwagen für den Heeresgebrauch und insbesondere für den Gefechtseinsatz nur sehr bedingt eignen. Deshalb begann man in den zwanziger Jahren, die Automobilindustrie zu veranlassen, sich nunmehr mit der Entwicklung und dem Bau von Geländewagen zu beschäftigen, worunter man sich zu jener Zeit vor allem dreiachsige Personen- und Lastwagen vorstellte. Dessen ungeachtet blieb man noch weit davon entfernt, die Brauchbarkeit des Automobils für taktische Zwecke zu erkennen. Erst in den dreißiger Jahren dämmerte es einigen fortschrittlich denkenden Offizieren, daß künftige Kriege infolge der Beweglichkeit motorisierter Heere wesentlich anders ablaufen würden als der Weltkrieg 1914/18. Zu jenen Offizieren, die das mit als erste klar voraussahen, gehörten der spätere General Guderian in Deutschland und der spätere General de Gaulle in Frankreich.

Auf dem Marsch von Hangö nach Helsingfors (1918).

Daß man die Wirkungsmöglichkeit motorisierter Truppen nicht schon viel früher auszunutzen wußte, bleibt insofern erstaunlich, weil es ja bereits zu Anfang des ersten Weltkriegs auf französischer Seite ein spektakuläres Beispiel hierfür gegeben hatte. Die Marneschlacht gewannen bekanntlich unsere damaligen Gegner, nachdem sie im September 1914 mit größter Eile über 10 000 Mann – alle in und um Paris befindlichen Truppen – quasi über Nacht mit den städtischen Omnibussen und vor allem mit 1000 Renault Taxameter-Fahrzeugen im Pendelverkehr zum Einsatz an die 100 km entfernte Marne-Front verbrachten. Zwar wurden die hierfür requirierten Autos als »Marne-Taxi« weltberühmt, und gelegentlich hat man ähnliche Operationen hüben wie drüben wieder-

holt, doch systematische Konsequenzen zogen aus diesem Ereignis weder die deutsche noch die alliierte Heeresleitung.
Wohl gab es im ersten Weltkrieg bereits Kraftfahrtruppen, die im Laufe der Jahre sogar beträchtlichen Umfang annahmen und insgesamt Hervorragendes leisteten, aber ihr Einsatz beschränkte sich eben doch fast ausschließlich auf – allerdings sehr nützliche – Hilfsdienste im Rahmen einer konventionellen Kriegsführung.
Bereits dieser beschränkte Einsatz von Kraftfahrzeugen hat auf unserer Seite allerdings, was ja auch bedacht sein will, die materiellen Möglichkeiten schon nahezu erschöpft. In den über 60 Jahren seither hat man ja weithin vergessen, daß die Rohstoff- und Versorgungsschwierigkeiten im ersten Weltkrieg für Deutschland und seine Verbündeten nicht etwa ebenso groß, sondern unvergleichlich viel größer waren als im zweiten. Die Industrialisierung steckte ebenso wie die Entwicklung von Ersatz- oder Ausweichmaterialien noch in den Anfängen. Zudem stand Kaiser Wilhelm kein Mann zur Seite, der die Rüstungswirtschaft in ähnlich genialer Weise organisiert hätte, wie es damals André Citroen bei den Franzosen und im zweiten Weltkrieg Minister Speer unter Hitler vollbrachte. Die Mittelmächte blieben 1914/18 nahezu völlig auf ihre be-scheidenen Eigenvorräte angewiesen, wogegen sich Deutschland im zweiten Weltkrieg mittels der weiträumigen Anfangserfolge doch beträchtlich mehr Bewegungsfreiheit verschafft hatte.

Verbandsplatz in den Vogesen (1915). Verwundete Soldaten, die aus dem Gefecht kommen, werden mit Sanitätsautos weggebracht.

Enorm behindert waren des Kaisers Truppen vor allem durch den äußerst prekären Kraftstoff- und Reifenmangel, womit verglichen die Wehrmacht selbst bis zuletzt kaum jemals in derart große Not geriet. Das wenige hochwertige Benzin aus Galizien, das Österreich vertragsgemäß dem deutschen Heer lieferte, brauchte man für die Zeppeline und Flieger, das vorhandene Dieselöl reichte kaum für die U-Boote. Die Masse der Automobile lief mit dubiosen Gemischen aus synthetischem Benzin, Benzol, Alkohol und Kartoffelsprit. Und selbst damit mußte ab 1915/16 extrem sparsam umgegangen werden, zumal die Zahl der Fahrzeuge trotz immer stärkerer Einschränkungen noch und noch mehr zunahm. Was die Reifen anbelangte, so galten die gängigen Luftpneumatiks bald als beneidenswerter Luxus. Zunächst behalf man sich mit Reifen aus regeneriertem Altgummi und Kunstkautschuk, der jedoch qualitativ bei weitem nicht dem in den dreißiger Jahren entwickelten Buna entsprach. Die ohnehin noch arg niedrige Lebensdauer der Reifen, die im (damals ja relativ langsamen) Normalbetrieb etwa 8000 bis 10 000 km betrug, verringerte sich mit solchen Kriegsprodukten auf etwa 2000 bis 2500 km. Ab 1915/16 standen selbst diese kaum mehr zur Verfügung. Nun wurden beim Feldheer – und in der Heimat sowieso – rigoros alle Autos, die als Benzin- und Reifenfresser galten, in Depots stillgelegt. Davon betroffen waren alle schweren Personenautos (mit über 2,5 bis 3 Liter Motorinhalt) und alle luftbereiften, leichten Lastwagen der 1,5 to- bis 2 to-Klasse, damals üblicherweise als »Lieferungswagen« bezeichnet. Nur die Gebirgstruppen behielten ihre leichten Lastwagen, und ansonsten blieben an Fahrzeugen dieser Größenordnung lediglich diejenigen des Sanitätsdienstes im Betrieb. Was weiterhin laufen sollte, mußte mehr und mehr zu den verschiedensten Patentbereifungen übergehen. Für Personen- und Sanitätswagen erfand man abenteuerliche Kombinationen aus Holz, Leder, Stahl, Spiralfedern und anderen Behelfen. Desgleichen geschah mit den Lastwagen. Solche Not an allen Ecken und Enden ermutigte die militärische Führung verständlicherweise kaum zu Operationen größeren Stils, wie sie mittels Kraftfahrzeugen theoretisch denkbar gewesen wären. In der Tat war es ja so, daß im späteren Verlauf des ersten Weltkriegs die meisten Offensiven der Mittelmächte letztlich am zu langsamen und unzureichenden Nachschub scheiterten.

Die materiell haushohe Überlegenheit unserer seinerzeitigen Feinde brachte es mit sich, daß deren Truppen dank großzügiger Ausstattung mit Kraftfahrzeugen beweglicher, geschonter und besser versorgt waren. Im Spätsommer 1918 standen allein an der Westfront den Franzosen etwa 100 000, den Engländern etwa 46 700 und den Amerikanern etwa 40 000 Kraftfahrzeuge zur Verfügung. Insgesamt hatten die Alliierten in Frankreich und Belgien über 200 000 Kraftfahrzeuge (einschließlich der Krafträder) eingesetzt, wobei sie mit Kraftstoff und Reifen ebenfalls sparsam umgehen mußten, aber längst nicht derart erbärmliche Not litten wie die Deutschen. Zum Vergleich: Das Heer des Kaiserreiches führte nach der Mobilmachung 1914 etwa 4000 Kraftfahrzeuge mit, vermehrte diesen Bestand dann zwar rasch, hatte aber an allen Kriegsfronten, den Osten und Südosten mit einbezogen, niemals mehr als 40 000 Kraftfahrzeuge verfügbar, die sich in ungefähr 5400 Krafträder, 12 000 Personenkraftwagen, 3200 Sanitätskraftwagen, 25 000 Lastkraftwagen und 1600 Anhängerfahrzeuge aufgliederten.

Die deutschen Gummivorräte waren im ersten Weltkrieg bald erschöpft. Personen- und Sanitätskraftwagen erhielten ab 1916 »federnde Räder«, deren Radkränze ringsum mit Schraubenfedern versehen waren. Auf dem Bild ein Benz mit federnden Rädern.

Zwar ist dieser Mercedes noch mit Gummireifen ausgerüstet, aber sie sind von unterschiedlicher Art und befinden sich in trostlos abgenutztem Zustand. Drei miserable Reservereifen hat der Fahrer dabei, und vermutlich ist er sogar glücklich über diesen Reichtum!

Protos Personenwagen mit federnden Rädern.

Oben rechts:
Dieser Mercedes war mit Drahtschneider und verschiedenen Sägen ausgerüstet. Sie hatten den Zweck, über den Weg gespannte Drähte zu zerschneiden oder abzuweisen. Franctireure (heute würde man Partisanen sagen) bereiteten nicht selten solche gefährlichen Hindernisse.

Im Dienste einer Etappenkommission befindet sich dieses deutsche Auto, ein Wanderer Puppchen, auf einer Patrouillenfahrt in den Vogesen.

Ein 27/75 PS Opel Personenwagen, eingesetzt 1915 bei Ostende, der in ähnlicher Weise mit einer scharfkantigen Stahlschiene als Drahtabweiser versehen war.

Kaiser Wilhelm II. besucht den italienischen Kriegsschauplatz.

Der deutsche Kronprinz in einem Mercedes Knight (1915).

18/45 PS Audi Landaulet-Limousine 1913, geliefert an das General-Kommando des XIX. (2. Königl. Sächs.) Armeekorps.

Generalfeldmarschall von Hindenburg mit 28/60 PS Mercedes, dem Dienstwagen des Großen Hauptquartiers in Bad Kreuznach (1918).

Dürkopp 1913 als Dienstwagen eines preußischen Generals.

Teilgepanzerte Mercedes Limousine mit Zwillings-Hinterrädern.

Audi B 10/28 PS Phaeton.

10/30 PS NSU »Militär-Typ« 1914.

10/45 PS Benz 1914.

10/28 PS Stoewer C 6 Phaeton 1915, aufgenommen während des Winters 1915/16 in Flandern.

Der Presto eines Ordonnanzoffiziers.

Der erstmals 1912 vorgestellte Kleinwagen Wanderer Puppchen in Diensten des deutschen Heeres während des Ersten Weltkrieges. (El, © CC-BY-SA-3.0).

Opel 35 PS in Osterow (Rußland).

Dürkopp »Knipperdolling« Sport-Viersitzer 1911 als Militärwagen.

Dux Typ D 12 als offener Militärwagen.

Der offene Personenkraftwagen Adler 15/40 PS wurde nur ein Jahr lang gebaut: von 1913–1914.

Das Pkw-Modell Adler 9/24 PS entstand ebenfalls von 1913 bis 1914.

Der Benz 16/40 PS, gebaut von 1912 bis 1914, fand vielfältigen Einsatz beim Militär.

Geschlossener Personenkraftwagen Mercedes 14/35 PS (1912–1915).

Offener Personenwagen Horch 14/40 PS (1912–1922). Für ihn interessierten sich auch Luftschiff- und Fliegerabteilungen.

Der 60 PS starke Komnick 17/50 PS (1911–1914) war für einen Fahrer und fünf Beifahrer ausgelegt.

Der NAG Typ K 3 8/22 PS von 1912 kam zwar im deutschen Heer zum Einsatz, wurde aber mit Kriegsbeginn nicht mehr neu gebaut.

In welcher Militärabteilung dieser NAG Typ K 8 33/75 PS (1911–1915) zum Einsatz kam, lässt sich an der Motorhaube schön ablesen.

Der Mittelklassewagen NSU 10/30 PS von 1911 wurde nur bis 1916 gebaut, aber auch danach noch im Heer eingesetzt.

Frühgeschichte der Last-, Geschütz- und Zugkraftwagen

Im Jahre 1886 führten Gottlieb Daimler in Cannstatt und Carl Benz in Mannheim ihre ersten Motorwagen vor, doch erst zehn Jahre später begann Daimler damit, auch Lastautomobile zu bauen. Während die Technik der zur Personenbeförderung bestimmten Motorwagen zu jener Zeit sehr rasch voranschritt, wurde die Fortentwicklung motorisierter Nutzfahrzeuge erst nach der Jahrhundertwende mehr als nur nebenbei betrieben. Militärgeschichtlich liefen die Dinge insofern gerade umgekehrt ab, als sich die Heeresleitungen bis in die dreißiger Jahre hinein mit Personenwagen handelsüblicher Bauart begnügten, hingegen schon sehr bald, nämlich bereits in dessen Anfängen, darauf hinwirkten, daß möglichst viele Lastwagen den militärischen Anforderungen entsprechen sollten.

Die Erklärung hierfür liegt auf der Hand. Niemand konnte sich zu jener Zeit vorstellen, daß Motorfahrzeuge im unmittelbaren Gefechtseinsatz von wesentlichem Nutzen sein könnten. Als man begann, höhere Kommandeure und deren Stäbe mit Automobilen auszurüsten, fand man das zwar durchaus vorteilhaft, doch in taktischer Hinsicht recht belanglos. Hingegen erhofften sich die Militärs sehr bald vom Lastwagen eine Erleichterung des seit jeher schwierigen Nachschubproblems. Man kann sich ja heute kaum mehr vorstellen, wie das früher war: Die endlosen Pferdetrainkolonnen verzehrten auf dem Marsch zur Front je nach Entfernung bisweilen die Hälfte und noch mehr der von ihnen transportierten Nachschubgüter. Überdies fühlte sich die militärische Führung schon 1870/71 durch einen erheblichen Pferdemangel behindert, und sie sah richtig voraus, daß sich diese Not in künftigen Kriegen noch unvergleichlich stärker bemerkbar machen würde. Von der Mitte des vorigen Jahrhunderts an bestand dann immerhin schon die Möglichkeit, einen großen Teil des Nachschubs mit der Eisenbahn sowie ab etwa 1880 auch mit Feldbahnen zu befördern. Dennoch behielt der unwirtschaftliche Transport mit Pferdegespannen bis zum Ende des ersten Weltkriegs große Bedeutung.

Daimler Militär-Lastwagen von 1904 mit 12 PS Vierzylinder-Motor, 4 Gang-Getriebe, Ritzelantrieb, Eisenreifen. Bei einem Eigengewicht von 2700 kg beträgt die Nutzlast 2250 kg. Die Höchstgeschwindigkeit wird mit 10 km/h, die Steigfähigkeit bei voller Zuladung mit 20 % angegeben.

Vom Lastwagen war mit Recht zu erwarten, daß er die – übrigens ständig steigenden – Transportaufgaben beträchtlich schneller, müheloser und billiger zu bewältigen vermag. Bald bestand aber auch darüber Klarheit, daß die Truppe im Kriegsfall sehr viele Lastwagen zur Abwicklung des Nachschubs und für sonstige Beförderungsleistungen benötigen würde. Ein derart umfangreicher Lastwagenpark konnte jedoch dem Militär nicht schon als Grundausstattung übereignet werden, denn man hätte in Friedenszeiten keine Verwendung dafür gehabt. Außerdem wären Anschaffung, Pflege und Unterstellung enorm teuer gewesen, und womöglich hätte man dann zu gegebener Zeit mit konstruktiv veraltetem Fahrzeugmaterial in den Krieg ziehen müssen.

So lag es nahe, lediglich die für Transportaufgaben in Frage kommenden Stammeinheiten mit jener kleinen Zahl von Lastkraftwagenzu versehen, die für Versuchs- und Übungszwecke nötig waren. Die Masse der Fahrzeuge aber gedachte man im Mobilisierungsfalle aus den Beständen der privaten Wirtschaft zu requirieren, ähnlich wie dies ja seit Menschengedenken mit Pferden und mit Pferdewagen geschehen war. Nun kam es aber entscheidend darauf an, daß die Privatwirtschaft bei Ausbruch eines Krieges über genügend viele Lastwagen verfügte, die den Anforderungen des Militärs wenigstens einigermaßen – und zwar ohne zeitraubende und kostspielige Umbauten – zu entsprechen vermochten. Bald gab es deshalb Richtlinien für die Konstruktion und den Bau militärtauglicher Lastkraftwagen, womit unter anderem auch versucht wurde, eine gewisse Vereinheitlichung der Fahrzeugkategorien zu erreichen. Naturgemäß waren dergestalt präparierte Lastautomobile teurer, zuweilen sogar erheblich teurer als die normalen Modelle. Damit sie dennoch von zivilen Abnehmern gekauft wurden, gab es vor dem ersten Weltkrieg in mehreren und gibt es heute noch in manchen Ländern (z.B. in der Schweiz) sogenannte Subventionen, die in staatlichen Kostenzuschüssen beim Kauf oder in Steuernachlässen beim Betrieb militärtauglicher Lastwagen bestehen. Man spricht bei solchen Modellen von Subventions-Lastwagen. Mit dem Bau entsprechender Fahrzeuge beschäftigten sich ab 1908 die Firmen Benz (Gaggenau), Büssing, Daimler (Marienfelde) und NAG, später auch Adler, Daag, Ehrhardt und Stoewer. Im Endeffekt freilich erwies sich die Subventionierung als eklatanter Fehlschlag. Zwar förderte sie anfangs die Einführung der (für damalige Begriffe) schweren Lastwagen mit 4 bis 5 to Nutzlast. Aber alljährlich konnte nur eine beschränkte Zahl derselben subventioniert werden. Nun war aber fast kein Interessent mehr bereit, einen Fünf- oder selbst einen Dreitonner zum wesentlich höheren Originalpreis zu kaufen.

So litt der Absatz insgesamt beträchtlich, weshalb bei der Mobilmachung im August 1914 viel zu wenige Lastwagen zur Verfügung standen. Nur 1850 Stück waren 1913 in Deutschland hergestellt worden, während der jährliche Kriegsbedarf bald dem Sechsfachen dieser Zahl entsprechen sollte. Mit Ausbruch des Krieges fand der Automobilbau zunächst ein abruptes Ende, weil die meisten Arbeiter und »Beamten« (Angestellten) einrücken mußten und weil vorerst sowieso kein Bedarf an weiteren Kraftfahrzeugen mehr zu bestehen schien. Erst nach und nach, als die oberste Heeresleitung den Gedanken aufgegeben hatte, den Krieg in wenigen Monaten siegreich zu beenden, wurde die Automobilindustrie wieder in Gang gebracht, wobei sie sich nun freilich in der Hauptsache auf den Bau von Lastkraftwagen verlegte, deren Höchstproduktion mit 15 000 Einheiten im Jahr 1916 erreicht wurde. Insgesamt stellte die deutsche Automobilindustrie während des ersten Weltkriegs etwa 40 000 Lastwagen her, von denen nach dem Waffenstillstand ungefähr 9000 übrigblieben.

Groß war die Zahl der Firmen, die damals Nutzfahrzeuge für den Heeresbedarf lieferten. Schwere 4 bis 5 to-Lastwagen bauten: Bergmann, Benz (Gaggenau), Büssing, Daimler (Marienfelde), Deutz, Ehrhardt, Hansa-Lloyd, Komnick, MAN, Mannesmann-Mulag, NAG, Stoewer, Union-Werke (Mannheim). Mittlere 2,5 bis 3,5 to-Lastwagen bauten: Adler, Audi, Benz (Mannheim), Bergmann, Daimler (Marienfelde), Dürkopp, Dux, Ehrhardt, Fafnir, Faun, Frankfurter, Hansa-Lloyd, Hille, LUC (Loeb, Berlin-Charlottenburg), Horch, NAG, NSU, Magirus, Opel, Podeus, Simson, Stoewer, Vomag. Spezialfahrzeuge und Zugmaschinen bauten: Adler, Benz (Gaggenau), Bergmann, Büssing, Deutz, Dürkopp, Ehrhardt (Geschützkraftwagen), Horch, Krupp/Daimler, Magirus, Mannesmann (ab 1916 Heereszugwagen), NAG (Scheinwerferzüge), Protos. Verschiedene dieser Firmen haben übrigens erst während des Kriegs den Automobilbau aufgenommen. In erster Linie war dies die Vogtländische

Maschinenfabrik AG. (Vomag) in Plauen, die bis dahin Druckerei- und Textilmaschinen erzeugt hatte und nun ab 1915 einen 3 to-Lastkraftwagen lieferte. Dieser bewährte sich gut und wurde bald in der für damals beträchtlichen Zahl von bis zu 100 Stück im Monat herausgebracht. Ebenfalls 1915 begann die

NAG Lastzug der Verkehrstruppen (1905).

MAN, eine der ältesten und größten Maschinenfabriken Deutschlands, nach Saurer-Lizenz Lastkraftwagen für 4 to Nutzlast zu fertigen, welche einen 37 PS-Benzinmotor, Kulissenschaltung, Kettenantrieb und vollgummibereifte Holzräder besaßen. 1916 nahm die Firma C. D. Magirus AG. in Ulm, bis dahin auf Feuerlöschfahrzeuge spezialisiert, den Automobilbau auf. Außer dem kettengetriebenen 40 PS-Lastwagen Typ 3 K 1 für 3 to Nutzlast konstruierte dort Heinrich Buschmann die 70 PS-Kraftprotze als Artillerieschlepper. Die ebenfalls aus einer Firma für Feuerlöschfahrzeuge hervorgegangenen Faun-Werke begannen 1916 mit dem Bau von Armee-Lastwagen. Weiter wäre die Frankfurter Maschinenbau AG. vormals Pokorny & Wittekind zu nennen. Diese Spezialfabrik für Kompressoren und Luftdruckwerkzeuge richtete sich für den Bau der »Frankfurter« Lastkraftwagen ein, deren Lieferung allerdings erst gegen Kriegsende begann und später nur bis etwa 1925 andauerte. Desgleichen stellten sich die in Dresden und Meißen ansässigen Hille-Werke erst so spät von ortsfesten Motoren auf Lastwagen um, daß sie als Heereslieferanten nicht mehr wesentlich in Erscheinung traten. Die Marke überlebte den Krieg bis 1926.

Die Qualität der damals gebauten Lastkraftwagen litt sehr unter der ständig schlechter werdenden Rohstoffversorgung. Statt Aluminium mußte Gußeisen, statt Bronze mußte Stahlguß, statt legierter Stähle mußten einfache Konstruktionsstähle verwendet werden. Besonders lästig war der Mangel an Gummi, weshalb nach und nach auf die von Heinrich Büssing, der Reifenfabrik Peters-Union und der Räderfabrik Hering entwickelte Holz-Eisenbereifung umgestellt wurde. Das erzwang jedoch wesentliche Konstruktionsänderungen, weil die Kardangetriebe und auch die Fahrgestelle den heftigen Erschütterungen nicht standhielten. Man kehrte deshalb zum Kettenantrieb zurück und brachte zusätzliche Federn an. Überdies mußten die etwa 6000 inzwischen vorhandenen Kardan-Lastwagen möglichst rasch durch Fahrzeuge mit Kettenantrieb ersetzt werden. Teilweise ging man noch radikaler vor und verwendete sogar simple Eisenreifen wie in der Anfangszeit des Lastautomobils. Derartige Notbehelfe bedingten eine Halbierung der bisher erzielbaren Marschgeschwindigkeit und brachten trotzdem einen noch höheren Verbrauch des ebenfalls viel zu knappen Kraftstoffs mit sich. Außerdem waren die Wagen fahrtechnisch schwierig zu beherrschen und erhebliche Straßenschäden verursachten sie obendrein. – Beiläufig sei hier vermerkt, daß man im Transport- und Nachschubwesen schon bald auf die Anhänger hinter den Motorwagen verzichtete, weil sie die Beweglichkeit der Kolonnen unterwegs und an den Ladestellen zu sehr beeinträchtigten. Die Motorisierung der deutschen Armee hatte übrigens, wenn auch noch zaghaft und in bescheidenstem Umfang, bereits im Jahre 1870 begonnen. Nachdem schon im Krim-Feldzug 1854 eine Dampf-Zugmaschine verwendet worden war, setzte im deutsch-französischen Krieg Generalstabschef Moltke auf Vorschlag des Ingenieurs Richard Toepffer zwei zu Straßen-Lokomotiven umgebaute Fowler-Dampfpflüge ein, die sich bei der Bewältigung verschiedener Schwertransporte bestens bewährten. Nach dem Ende der Belagerung von Paris sollten die beiden Straßen-Lokomotiven dem Artillerie-Kommando zum Rücktransport der schweren Geschütze zur Verfügung stehen, doch dieses lehnte sie ab. Daraufhin wurden die Maschinen nach Köln verbracht und dort später ausgemustert. Graf Moltke blieb jedoch weiterhin an der Möglichkeit des schienenlosen mechanischen Zuges interessiert und veranlaßte trotz der ablehnenden Haltung hoher militärischer Stellen weitere Fahrversuche mit Dampf-Straßen-Lokomotiven. Viel intensiver beschäftigte man sich aber vor allem in England um die Jahrhundertwende mit der Vervollkommnung des pferdelosen Wagenverkehrs. Dabei setzte sich die Überzeugung durch, daß Einzelfahrzeuge zu lange Kolonnen ergeben, weshalb das System der Vorspannmaschinen zweckmäßiger erschien. Während die seither verwendeten Straßen-Lokomotiven ausschließlich als Schleppfahrzeuge (im Direktzug oder per Seilwinde) dienten, entstanden zu Anfang dieses Jahrhunderts die völlig anders gearteten Generator-Maschinenwagen, die nicht Zugmittel, sondern Leitfahrzeuge und Kraftquelle für einen ganzen Zug aneinander gekoppelter Lastanhänger waren, bei welchen jeweils die Vorderräder oder auch alle Räder durch je einen Elektromotor angetrieben wurden. Diesem Prinzip entsprachen die in mehreren Exemplaren für ausländische Auftraggeber in Berlin gebauten Müller-Züge sowie die berühmten Landwehr-Züge der österreichisch-ungarischen Armee.

Zweckmäßige Zugmaschinen für die schwere Artillerie existierten bei Kriegsbeginn nur in Österreich-Ungarn (Austro-Daimler), in Frankreich (Renault) und in England (Fowler). Die deutschen Armeen behalfen sich noch mit dampfbetriebenen Straßen-Lokomotiven, die wegen ihrer Unhandlichkeit, ihrer geringen Geschwindigkeit und auch wegen ihrer Rauchentwicklung nicht mehr zeitgemäß waren. So kamen unsere schweren Geschütze und Mörser bis 1916 kaum jemals recht zur Wirkung. Die Festung Lüttich, um nur an das bekannteste Beispiel zu erinnern, konnte erst genommen werden, nachdem die österreichische schwere Artillerie mit ihren relativ schnellen und geländetüchtigen Austro-Daimler »Kriegszugwagen« herangeholt worden war. Erst ab 1915 und teilweise 1916 begann die deutsche Industrie mit der Entwicklung von Artillerie-Zugmaschinen, und zwar in größter Eile, nachdem die Obersoldaten endlich ihre diesbezüglichen seitherigen Versäumnisse begriffen hatten.

32 PS Stoewer Motor-Lastwagen 1907. Vierzylinder-Motor, Kettenantrieb, Eigengewicht 4 to, Nutzlast 4 to.

Die einzelnen Firmen arbeiteten dabei nach den unter-

10/26 PS Stoewer Heeres-Lieferungswagen.

schiedlichsten Konstruktionen. Zum wichtigsten Fahrzeug dieser Art geriet die von Daimler im Auftrag der Firma Krupp entwickelté Artillerie-Kraftzugmaschine Krupp/Daimler KD-I, zunächst bestimmt für die neue 15 cm Langrohr-Kanone 16 von Krupp. Weil das Rohr und die Lafette jeweils getrennt verlastet wurden, gehörten zu jedem Geschütz zwei KD-I. Bald verwendete man diese Zugmaschine aber auch für die 7,7 und 8,8 cm Flak sowie zum Ballonschleppen. Die Lieferung der ersten von insgesamt 1810 bestellten KD-I erfolgte im Juli 1917, und bis Kriegsende wurden 1159 Stück fertiggestellt. Der Grundpreis betrug 59 000 Mark. Die Krupp/Daimler KD-I war das erste in größerer Serie gebaute Kraftfahrzeug mit Vierrad-Antrieb, vor allem aber war sie die absolut beste Zugmaschine der deutschen Truppen im ersten Weltkrieg.

Adler Subventions-Armee-Lastzug 1913.

Schon ziemlich lange vor den Zugmaschinen befaßte man sich deutscherseits mit dem Bau der sogenannten Geschützkraftwagen. Bis in die zwanziger Jahre hinein verzichtete man bei Lastwagen, soweit sie lediglich dem Transport militärischer Güter dienten, auf den Vierrad- Antrieb, weil dieser nach dem damaligen Stand der Technik zu kompliziert, zu schwer und zu teuer erschien. Außerdem herrschte bei der Heeresleitung die Ansicht vor, daß Motorwagen nur auf Straßen und befestigten Wegen sinnvoll eingesetzt werden könnten, während im Gelände der Pferdegespannzug auf jeden Fall überlegen sei.

Dennoch entwickelten Daimler im Auftrag von Krupp und die Firma Ehrhardt in Zusammenarbeit mit Rheinmetall vierradgetriebene Spezialfahrzeuge, bestimmt als fahrbarer Untersatz (Selbstfahrlafette) für Luftabwehrgeschütze, wobei es sich damals zunächst um die Bekämpfung von Ballonen und Luftschiffen handelte. Diese Geschütze mußten schneller beweglich und zu häufigerem Stellungswechsel befähigt sein als die herkömmliche Feldartillerie, und das war praktisch nur möglich, wenn man sie auf geländetüchtige Fahrgestelle von besonders stabiler Bauart montierte.

Den ersten Plattformwagen baute 1908 die Daimler-Motoren-Gesellschaft in Zusammenarbeit mit der Firma Fried. Krupp (Essen). Dieses Fahrzeug besaß einen 52 PS-Motor (4 Zylinder, 9240 ccm), ein Viergang-Getriebe sowie Vierrad-Antrieb mit Differentialsperre, und es war zum Aufbau einer 7,7 cm Ballon-Abwehr-Kanone (BAK) bestimmt. 1910 und 1911 erschien wiederum je ein Versuchsexemplar dieser Art, ausgestattet mit einem stärkeren Motor, Vorgelege-Getriebe und längerem Radstand. Zwei weitere Plattformwagen bauten Krupp und Daimler im Jahr 1913, gekennzeichnet durch eine breitere Spur sowie 70 PS Motorleistung. Mit nochmaligen kleinen Änderungen wurden von diesem Typ 1914 und 1915 insgesamt 57 Stück gebaut. Außer zur Flug- wurden sie später auch zur Panzerabwehr eingesetzt, wobei sie sich gut bewährten, doch freilich nie in ausreichender Zahl vorhanden waren.

Die Heinrich Ehrhardt Automobilwerke AG. (Zella-Mehlis) hatte 1913 in Verbindung mit der zum gleichen Konzern gehörenden Firma Rheinmetall (Düsseldorf) den Plattformwagen Typ E-V/4 herausgebracht, der bis Kriegsende in beträchtlicher Zahl gebaut und auf allen Kriegsschauplätzen verwendet wurde. Der Vierrad-Antrieb dieser Fahrzeuge basierte auf einer Lizenz von Austro-Daimler. 38 Fahrgestelle von Ehrhardt-Wagen wurden mit entsprechenden Aufbauten 1917/18 als Straßenpanzerwagen verwendet. (Auch Krupp/Daimler hatten ein Fahrgestell ihres Plattformwagens nach Einbau einer Doppellenkung überpanzert, doch blieb es hier bei diesem Einzelexemplar.)

Im weiteren Verlauf des ersten Weltkriegs setzte man zur Kampfwagen-Abwehr etwa 150 belgische Beutekanonen auf normale 4 to-Lastkraftwagen, was sich durchaus bewährte, aber dennoch nur als Notbehelf zu betrachten war. Unbefriedigend verliefen Versuche, Fahrgestelle des Daimler Marienwagens, des Lanz Raupenschleppers und des A.7.V.-Sturmpanzerwagens als selbstfahrende Geschützlafetten zu verwenden.
Überlebt hat den ersten Weltkrieg lediglich die Krupp/Daimler KD-I. Bei der Reichswehr diente sie freilich nicht mehr als Zugmaschine, weil der Versailler Vertrag keine schwere Artillerie mehr zuließ, sondern als »Selbstträger« für Flug- und Panzerabwehrgeschütze. Für die Reichswehr wurden bis 1930 im Werk Berlin-Marienfelde nochmals 49 Stück KD-I gebaut, nach wie vor zum Preis von je 60 000 RM. Die D 600 vom 9.11.1935 weist dieses Modell sogar noch für die Wehrmacht als Geschützkraftwagen (Kw. 19) oder als Zugkraftwagen (Sd. Kfz. 1 und 2) aus.
Ende der zwanziger Jahre hat die Reichswehr bei den

28 PS Audi Transportwagen für 1000 kg Nutzlast, geliefert an das Kgl. Preuß. Kraftfahrt-Bataillon.

Firmen Krupp, Horch und Dürkopp die Neuentwicklung verschiedener Geschützträger in Auftrag gegeben, doch wurden diese Pläne bei der Aufstellung der Wehrmacht nicht mehr weiterverfolgt. Die Wehrmacht verwendete für Selbstfahrlafetten nur noch Halb- oder Vollketten-Fahrgestelle, ausgenommen lediglich die Truppen-Luftschutzwagen mit Zwillings-MG auf dem leichten und mit 2 cm Flak auf dem schweren Einheits-Pkw. Die mehrfachen Versuche im zweiten Weltkrieg, Lastkraftwagen als Selbstfahrlafetten zu verwenden, blieben durchweg ohne Bedeutung.

Militär – übliche Abkürzungen im ersten Weltkrieg

Pkw.	= Personenkraftwagen
Klkw.	= Kleinkraftwagen
Lkw.	= Lastkraftwagen
s.	= schwer
m.	= mittel
l.	= leicht
Rlkw.	= Raupenlastkraftwagen
Krad.	= Kraftrad
Sankw.	= Krankenkraftwagen
Kom.	= Kraftomnibus
Anh.	= Anhänger
Sananh.	= Krankenanhänger
Art.Mun.Kw.	= Artillerie-Munitions-Kraftwagen
Art.Kr.Schl.	= Artillerie-Kraftschlepper
Art.Kr.Zgm.	= Artillerie-Kraftzugmaschine
Straßen-Panzerkw.	= Straßen-Panzerkraftwagen
Sturm-Panzerkw.	= Sturm-Panzerkraftwagen
Dampf-Zgm.	= Dampfzugmaschine

Artillerie-Schlepper und -Zugmaschinen Produktion im ersten Weltkrieg

Artillerie-Kraftschlepper 80 PS	Büssing	109
	Benz	105
	Dürkopp	91
	Pöhl	83
Artillerie-Kraftzugmaschinen 80 PS	Bothe	16
Artillerie-Kraftzugmaschinen 100 PS	Krupp/Daimler KD-I	855
	Lanz	97
	Deutz	40
	Podeus	20
	Hazet	14
	Komnick	1
Artillerie-Zugmaschinen für Flak	Krupp/Daimler KD-I	274
	Ehrhardt	39
Artillerie-Munitionsschlepper	Büssing	180
	Horch	154

Daimler Autobadewagen der Armee.

Büssing Subventions-Lastzug 1908.

Daimler Lastzug 1915.

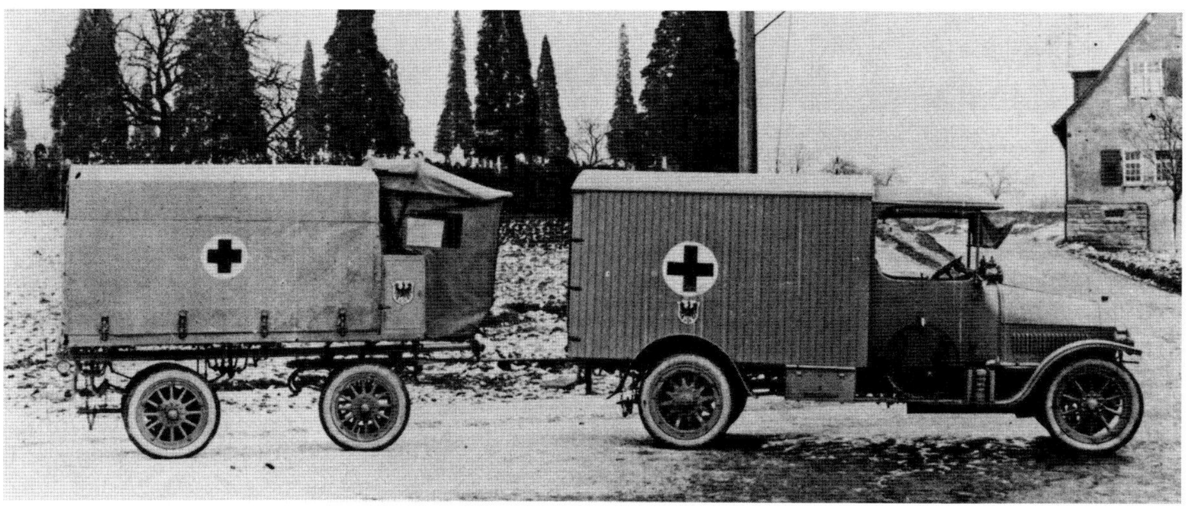

Benz-Gaggenau Sanitätswagen mit Anhänger für Geräte und Sanitätsmaterial 1914.

Büssing Werkstattwagen 1915.

Dieser mit Allradantrieb ausgestattete 60-PS-Zugwagen von Daimler aus dem Jahr 1907 wurde von der Armee getestet, dann allerdings doch nicht verwendet.

8-Tonner-Lastzug von Daimler aus dem Jahr 1909. Das 35 PS starke Gefährt wurde auf seine Militärtauglichkeit überprüft.

Daimler Subventions-Lkw aus dem Jahr 1914.

Die KD 1 Artillerie-Zugmaschine entstand in den Jahren 1917 bis 1919 in Zusammenarbeit von Daimler mit Krupp.

Ein Regel-Dreitonner der Daimler-Motoren-Gesellschaft, aufgenommen um das Jahr 1918 in Frankreich.

W 132
W 132

Neu aufgestellte Dixi Lastwagen-Kolonne (etwa 1915).

Linke Spalte von oben nach unten.

Vomag 3 to Heeres-Lastwagen 1915-1918.

Magirus Typ 3 K Heeres-Lastwagen mit Kettenantrieb, 3 to. Nutzlast, 1917.

Anhänger mit Fahrersitz und Plane (Magirus).

25/42 PS Horch KL 3 to Heeres-Lastwagen mit abgefederter Eisenbereifung 1917/18.

Rechte Spalte von oben nach unten.

Opel Viertonner-Lastwagen 1915 mit Kettenantrieb, 50 PS 7 Liter Vierzylinder-Motor. Der abgebildete Wagen, optimal restauriert, ist im Auto + Technik Museum Sinsheim zu besichtigen.

50 PS Hansa-Lloyd Lastwagen 1917.

NAG Lastwagen.

Podeus Typ L 3 Heeres-Lastwagen 1915.

Dux LO 3 to Armee-Lastwagen 1913-1915.

Der Hansa Lloyd 3,5-Tonner wurde ab 1915 für das Militär gebaut. Das Bild stammt aus der politisch unruhigen Nachkriegszeit.

Bevor der Horch 18/50 PS, 3 t, Typ P ab 1914 bis 1916 für das deutsche Heer gebaut wurde, war er bereits drei Jahre lang auf seine Tauglichkeit getestet worden.

Auch der Erhardt 4,5-Tonner von 1906 wurde vom deutschen Heer auf seine Tauglichkeit überprüft.

Der erste von vier Heereslastkraftwagen von MAN-Saurer war der 3,5-Tonner von 1915.

Links:
Einer der ersten MAN-Lastwagen 1915, gebaut nach Saurer-Lizenz.

Rechts oben:
Dixi Omnibus auf 2 to Lkw.-Fahrgestell M 1 3378 ccm, 39 PS Karosserie Trutz (Coburg).

Rechts unten:
Dux F 6 Militär-Omnibus.

Links:
Dürkopp L 60 37/39 PS Militär-Lastwagen für 3 to Nutzlast 1914-1919 (einschl. Reparationslieferungen).

Rechts:
Büssing Militär-Omnibus.

Magirus Funkwagen eines drahtlosen Telegrafie-Zuges mit Magirus Stahl-Funkmast 1917.

Stoewer L 6 S Heeres-Lastkraftwagen 4 Zylinder, 42 PS Nutzlast 5 to.

Linke Spalte oben:
NSU 2,5 Tonnen Heeres-Lastkraftwagen 1914.

Linke Spalte unten:
LUC 3 Tonnen Heeres-Lastkraftwagen der Firma Loeb & Co. GmbH., Berlin-Charlottenburg.

Faun Heeres-Lastkraftwagen im Winter-Einsatz.

Für Transporte auf den schmalen Schlängelstraßen der eisenbahnarmen Länder Bosnien und Herzegowina brauchte die österreichisch-ungarische Armee ein geeignetes Verkehrsmittel. Schon 1904 entstand bei der Firma Raba (Györ, Ungarn) ein Train, dessen 60 PS Zugmaschine mit Vierrad-Antrieb und Vierrad-Lenkung 5 gleichspurende Lastanhänger schleppte. Als vorteilhafter für den gedachten Zweck erwies sich jedoch der benzin-elektrische Antrieb, wie ihn 1905 der bei Siemens-Schuckert (Berlin) tätige Ingenieur Müller-Neuhaus erstmalig für einen Straßen-Lastzug verwirklichte. Dieser »Müller-Zug« regte den damaligen Major von Landwehr an, Ferdinand Porsche, zu jener Zeit Technischer Direktor der österreichischen Daimler Motoren-Gesellschaft (Wiener Neustadt), mit einer entsprechenden Konstruktion zu beauftragen. Von 1910 bis 1913 wurden insgesamt 10 Garnituren des »Elektro-Train System Daimler-Landwehr« gebaut, die dann im Krieg hauptsächlich als Werkstattzüge eingesetzt wurden und sich gut bewährten. Der Maschinenwagen besaß bei der endgültigen Ausführung (B-Zug) einen 150 PS Sechszylinder-Motor, gekoppelt mit einem 250 V 93 kW-Gleichstrom-Generator, dessen Strom zu je zwei Elektromotoren in der Vorderachse jedes Anhängewagens geleitet wurde. Die Nutzlast des Zuges betrug 20 bis 35 to, seine Höchstgeschwindigkeit 26 km/h. Der Elektro-Train System Daimler-Landwehr ließ sich innerhalb von vier Stunden auf Schienenbetrieb umstellen, wobei er mit 10 statt 5 Anhängern, also mit doppelter Nutzlast und dazu mit doppelter Geschwindigkeit betrieben werden konnte. Diesen B-Zügen sehr ähnlich waren die Benzin-Elektro-Bahnen, welche die k. u. k. Armee während des ersten Weltkriegs in größerer Zahl zum Einsatz brachte.

Austro-Daimler C-Zug 1916/18 der österreichisch-ungarischen Armee. Auf Grund der ausgezeichneten Erfahrungen mit den sogenannten Landwehr-Zügen (Straßen-Lastzüge mit Benzin-Elektro-Antrieb, nach einem Vorschlag des Majors Landwehr von Ferdinand Porsche konstruiert) entstanden ab 1915 die C-Züge zum Transport schwerster Geschütze, nämlich der 42cm-Mörser und der 38 cm-Haubitzen.
Der Artillerie-Generatorwagen M 16 mit 150 PS-Benzinmotor fungierte nicht etwa als Zugmaschine, sondern er war als bewegliches Kraftwerk einem geländegängigen, mit 8 Innenpol-Radnabenmotoren versehenen Anhänger vorgespannt, der in zwei Drehschemeln je zwei Achsen besaß. Bei 15 to Eigengewicht konnte der Anhänger mit bis zu 27 to belastet werden. Zu jedem Geschütz gehörten 5 C-Züge, nämlich je einer für die rechte und die linke Bettung, für die Lafette, das Rohr und die Munition. Man konnte die C-Züge mittels Spurkränzen von Straßen- auf Schienenbetrieb umstellen: Geschwindigkeit auf der Straße 16, auf der Schiene 27 km/h. Schwerste Skoda-Geschütze, auf C-Zügen verlastet, waren sogar noch im zweiten Weltkrieg vor Leningrad eingesetzt!

»Kraftwagenzug« mit Dampf-Straßenzugmaschine der Firma Fowler (Magdeburg), eingesetzt bei einem Manöver im Jahr 1901.

Mit derart vorsintflutlichen Ungetümen mußte sich die schwere Artillerie der deutschen Armee zunächst behelfen: Dampftraktoren einer schweren Mörser-Batterie.

Kettentraktor Modell 1901/02 der amerikanischen Firma Holt-Caterpillar. Er war bei den Österreichern den 30,5 cm-, 38 cm- und 42 cm-Batterien für den Geländetransport beigegeben. Sein Vierzylinder-Motor leistete 70 PS bei 450 (!) U/min und war für Benzin- oder Petroleumbetrieb eingerichtet. Knüppelsteuerung für die Gleisketten, Schneckenlenkung für das Führungsrad. Die Engländer besaßen 1500 Stück solcher Kettentraktoren als Zugmittel für ihre Artillerie.

7,5 Tonnen wiegt der etwa 2,5 Meter hohe 80 PS Seilwindenschlepper, den Dürkopp (Bielefeld) entwickelt hat. Eine Vorstellung von der Massigkeit dieser riesigen Maschine vermittelt der daneben stehende Zweisitzer, der ebenfalls von Dürkopp stammt.

Die österreichisch-ungarische Armee war die erste der Welt, welche ihre Artillerie auf Kraftzug umstellte. Bereits 1905 begann die Entwicklung entsprechender Zugmaschinen. Für die schweren 30,5 cm Mörser sowie auch für die 15 cm Haubitzen bestimmt war die von Porsche konstruierte und von 1914 bis 1918 bei Skoda gebaute (Austro-Daimler und Skoda gehörten während des ersten Weltkriegs zum gleichen Konzern) Zugmaschine M 16 bzw. M 17. Sie besaß einen 80 PS Vierzylinder-Motor, Vierrad-Antrieb sowie vier gleich große, mit 1,50 Meter Querschnitt nahezu mannshohe Räder welche dem Fahrzeug zu erstaunlichen Fahr- und Zugleistungen (bis 24 to) verhalfen. Die zunächst nur eisen-, später aber auch vollgummibereiften Räder wurden teils aus Stahlguß, teils aus genietetem Stahlblech geliefert. Zugmaschinen dieses Typs waren bei der österreichischen (siehe Bild), bei der tschechischen und bei der italienischen Artillerie noch bis in die dreißiger Jahre hinein vorhanden.

Am damaligen Stand der Technik gemessen, macht die etwa 1917 gebaute Büssing Zugmaschine mit Allrad-Antrieb einen überraschend modernen Eindruck.

Im Sommer 1918 brachte Magirus die geländegängige Kraftprotze heraus, einen 70 PS Artillerieschlepper, der allerdings nicht mehr zum Einsatz kam.

Benz (Gaggenau) baute 1918 die Benz-Bräuer-Kraftprotze KP mit 45 PS Vierzylinder-Motor. Es handelte sich dabei um einen normalen leichten Lastwagen älterer Bauart, der an den Hinterrädern mit Radgürteln versehen wurde, um die Fortbewegung abseits der Straßen und über kleine Hindernisse hinweg zu ermöglichen.

Der Horch ZU 80 PS Artillerie-Munitionsschlepper 1917, Räder vorn 120, hinten 180 cm Querschnitt, bewährte sich gut.

Bräuer'sches »Lastenverteilergerät«, hier mit einer Büssing Zugmaschine.

Die Artillerie-Kraftzugmaschine Krupp/Daimler K. D. I. mit 100 PS Motor, Vierrad-Antrieb und Seilwinde, bei Daimler im Auftrag der Firma Krupp entwickelt und ab 1917 hergestellt. Die K. D. I. war während des ersten Weltkriegs auf deutscher Seite die beste und häufigste Artillerie-Zugmaschine. Auf dem linken Bild mit 15 cm Kanone, auf dem Bild unten mit 8,8 cm Flak.

8,8 cm K.-Zugflak L/45 (Rheinmetall) mit Ehrhardt-Zugwagen. Geschütz in Fahrtstellung.

6,5 cm Ballon-Abwehr-Kanone L/35 (Rheinmetall), montiert auf einen Ehrhardt-Kraftwagen, in Fahrtstellung (Bild links) und in Feuerstellung (Bild rechts). Ab 1910 in Produktion.

Ehrhardt Geschützkraftwagen mit 7,7 cm K-Flak L/27 C/1911.

Daimler-Lastwagen mit aufmontierter 7,5-cm-Flak von Krupp im Jahr 1918. (Jack Muller, © PD).

	Ehrhardt Plattform- oder BAK-Wagen Kraftwagen 14 (1913-1914)	Ehrhardt Typ E-V/4 Plattform- oder BAK-Wagen Kraftwagen 14 (1914-1918)	Krupp/Daimler Plattform- oder BAK-Wagen Kraftwagen 14 (1914-1915)
Motor	Ehrhardt	Ehrhardt	Daimler M 1464
Zylinderzahl	4 (Reihe)	4 (Reihe)	4 (Reihe)
Bohrung x Hub	130 x 150 mm	136 x 160 mm	140 x 160 mm
Hubraum	7960 ccm	9300 ccm	9850 ccm
Leistung	50 PS	70 PS bei 850 U/min	80 PS bei 1200 U/min
Verdichtung		1:4	1:4,5
Kühlung	Wasser	Wasser	Wasser
Vorwärtsgänge	4	4	4 + Vorgelege
Antrieb	4 Rad-Antrieb	4 Rad-Antrieb	4 Rad-Antrieb
Federung	Halbfedern längs	Halbfedern längs	Halbfedern längs
Räder	Stahlguß-Scheibenräder	Stahlguß-Speichenräder	Stahlguß-Speichenräder
Reifen	Vollgummi	Vollgummi 920 x 140 mm	Vollgummi 920 x 140 mm
	Zwillings-Hinterräder	Zwillings-Hinterräder	Zwillings-Hinterräder
Fußbremse	Getriebe	Getriebe	Getriebe
Handbremse	Hinterräder	Hinterräder	Hinterräder
Radstand	4200 mm	4700 mm	3840 mm
Spur vorn/hinten	1710/1710 mm	1660/1600 mm	1554/1687 mm
Gesamtlänge	6900 mm		6275 mm
Gefechtsgewicht		8000 kg	8000 kg
Besatzung		10 Mann	10 Mann
Bewaffnung	7,7 cm BAK	7,7 cm BAK bzw. Flak	7,7 cm BAK
Höchstgeschwindigkeit		45 km/h	45 km/h
Bodenfreiheit		320 mm	
Kraftstoffvorrat		175 Liter	

<table>
<tr><th></th><th>Krupp/Daimler KD-I Artillerie-Zugmaschine (1917-1918)</th><th>Krupp/Daimler KD-I Geschützkraftwagen Kraftwagen 19 (1918)</th><th></th></tr>
<tr><td>Motor</td><td colspan="2">Daimler M 1574</td><td></td></tr>
<tr><td>Zylinderzahl</td><td colspan="2">4 (Reihe)</td><td></td></tr>
<tr><td>Bohrung x Hub</td><td colspan="2">150 x 170 mm</td><td></td></tr>
<tr><td>Hubraum</td><td colspan="2">12 020 ccm</td><td></td></tr>
<tr><td>Leistung</td><td colspan="2">100 PS bei 1200 U/min</td><td></td></tr>
<tr><td>Verdichtung</td><td colspan="2">1:4,5</td><td></td></tr>
<tr><td>Kühlung</td><td colspan="2">Wasser</td><td></td></tr>
<tr><td>Vorwärtsgänge</td><td colspan="2">4 + Vorgelege</td><td></td></tr>
<tr><td>Antrieb</td><td colspan="2">4 Rad-Antrieb</td><td></td></tr>
<tr><td>Federung</td><td colspan="2">Halbfedern längs</td><td></td></tr>
<tr><td>Räder</td><td colspan="2">Holz-Speichenräder</td><td></td></tr>
<tr><td>Reifen</td><td>Vollgummi 1130 x 180 mm
Zwillings-Hinterräder</td><td>vorn Vollgummi 1130 x 180 mm
hinten Eisenreifen</td><td></td></tr>
<tr><td>Fußbremse</td><td colspan="2">Getriebe</td><td></td></tr>
<tr><td>Handbremse</td><td colspan="2">Hinterräder</td><td></td></tr>
<tr><td>Radstand</td><td colspan="2">3750 mm</td><td></td></tr>
<tr><td>Spur vorn/hinten</td><td colspan="2">1670/1676 mm</td><td></td></tr>
<tr><td>Gesamtlänge</td><td colspan="2">6700 mm</td><td></td></tr>
<tr><td>Gesamtbreite</td><td colspan="2">2200 mm</td><td></td></tr>
<tr><td>Gesamthöhe</td><td colspan="2">3000 mm</td><td></td></tr>
<tr><td>Gefechtsgewicht</td><td colspan="2">11 250 kg</td><td></td></tr>
<tr><td>Besatzung</td><td colspan="2">10 Mann</td><td></td></tr>
<tr><td>Bewaffnung</td><td>–</td><td>7,7 cm Flak</td><td></td></tr>
<tr><td>Höchstgeschwindigkeit</td><td colspan="2">35 km/h</td><td></td></tr>
<tr><td>Bodenfreiheit</td><td colspan="2">400 mm</td><td></td></tr>
<tr><td>Verbrauch/100 km</td><td colspan="2">Straße 100, Gelände 150 Liter</td><td></td></tr>
<tr><td>Kraftstoffvorrat</td><td colspan="2">200 Liter</td><td></td></tr>
</table>

Krupp-Daimler Plattformwagen mit Luftschiff-Abwehr-Geschütz, 52 PS Vierzylinder-Motor, Allrad-Antrieb, Panzerung. Baujahr 1909.

Eine andere Ausführung des Krupp-Daimler Plattformwagens aus dem Jahre 1910.

Krupp-Daimler Plattformwagen mit Ballongeschütz und leichter Panzerung. Baujahr 1911.

Daimler Maschinengewehrwagen (»Leichter Vierrad-Antrieb«) mit 70 PS Daimler Flugmotor. Versuchsmodell 1914.

Linke Spalte: Krupp-Daimler Plattformwagen 1914 in der während des Krieges verwendeten Bauart. Bild oben: Neuer Plattform wagen, noch ohne Geschütz. Untere Bilder: Kraftwagen 14 mit aufgebauter BAK (Ballon-Abwehr-Kanone).

Rechte Spalte von oben nach unten: Gepanzertes Fahrzeug (Sd.Kfz. 3) der Reichswehr aus dem Jahr 1930. (Bundesarchiv Bild 102-10893, © CC-BY-SA-3.0).

Eine Kolonne von Panzerwagen (Sd.Kfz. 3) bei einem Herbstmanöver der Reichswehr in Ostpreußen im Jahr 1928. (Bundesarchiv Bild 102-06342, © CC-BY-SA-3.0).

Zuschauer beobachten Reichswehrsoldaten mit Sd.Kfz. 3 bei deren Herbstmanöver in Ostpreußen. (Bundesarchiv Bild 102-13828, © CC-BY-SA-3.0).

17663

Krupp-Daimler Kw. 19 Zug- und Geschützwagen mit 100 PS-Motor und Vierrad-Antrieb. Versuchswagen 1918.

Krupp-Daimler Kw. 19 Geschützkraftwagen für Fliegerabwehr bei einem Reichswehr-Manöver 1922 im Raum Frankfurt an der Oder.

	Büssing Typ A 5 P Straßenpanzerkraftwagen 1915	Daimler Typ M 1915 Straßenpanzerkraftwagen 1915	Ehrhardt Typ E-V/4 Straßenpanzerkraftwagen 1915-1918
Motor	Büssing	Daimler M 1464	Ehrhardt
Zylinderzahl	6 (Reihe)	4 (Reihe)	4 (Reihe)
Bohrung x Hub	132 x 160 mm	140 x 160 mm	136 x 160 mm
Hubraum	13 130 ccm	9850 ccm	9300 ccm
Leistung	90 PS	80 PS bei 1200 U/min	1915: 70 PS bei 850 U/min 1917:80 PS bei 1200 U/min
Verdichtung		1:4,5	1:4
Kühlung	Wasser	Wasser	Wasser
Vorwärtsgänge	5 + Umkehrvorgelege	4 + Umkehrvorgelege	1915: 4 + Umkehrvorgelege 1917: 6 + Umkehrvorgelege
Antrieb	4 Rad-Antrieb	4 Rad-Antrieb	4 Rad-Antrieb
Lenkung	4 Rad-Doppellenkung	Vorderrad-Doppellenkung	Vorderrad-Doppellenkung
Federung	Halbfedern längs	Halbfedern längs	Halbfedern längs
Räder	Stahlguß-Scheibenräder	Stahlguß-Speichenräder	Stahlguß-Speichenräder
Reifen	Vollgummi	Vollgummi 920 x 140 mm Zwillings-Hinterräder	Vollgummi 920 x 140 mm Zwillings-Hinterräder
Fußbremse		Getriebe	Getriebe
Handbremse		Hinterräder	Hinterräder
Radstand		3840 mm	3900 mm
Spur vorn/hinten		1536/1678 mm	1600/1600 mm
Gesamtlänge	9500 mm	5610 mm	5600, ab 1917: 5300 mm
Gesamtbreite	2100 mm	2050 mm	2000 mm
Gesamthöhe			3000 mm
Gefechtsgewicht	10 250 kg	9000 kg	3000 mm 9000, ab 1917: 7750 kg
Besatzung	9 Mann	8 bis 9 Mann	1915: 8 bis 9 Mann 1917: 7 Mann
Bewaffnung	3 sMG	3 sMG	1915: 3 sMG 1917: Drehturm, 2 MG
Panzerung	5 bis 7 mm	5 bis 7 mm	1915: 5 bis 7 mm 1917: 6 bis 9 mm
Höchstgeschwindigkeit	35 km/h	40 km/h	45 km/h
Kraftstoffvorrat			175 Liter
Fahrbereich	250 km	250 km	250 km

Sonder-Kfz. der Wehrmacht nach D 600 vom 9.11.1935	Sd.-Kfz. 1 Geschützkraftwagen Kw. 19 Krupp/Daimler	Sd.-Kfz. 2 Zugmaschine Krupp/Daimler	Sd.-Kfz. 3 Gep. Kraftwagen Krupp/Daimler
Motor	Daimler M 1574	Daimler M 1574	Daimler M 1574
Hubraum	12 020 ccm	12 020 ccm	12 020 ccm
Leistung	100 PS	100 PS	100 PS
Radstand	3750 mm	3750 mm	3750 mm
Gesamtlänge	6800 mm	6400 mm	5950 mm
Gesamtbreite	2200 mm	2200 mm	2200 mm
Gesamthöhe	3000 mm	2900 mm	2725 mm
Fahrzeuggewicht	7850 kg	7400 kg	10 600 kg
Zuläss. Gesamtgewicht	11 250 kg	9400 kg	12 000 kg
Besatzung	10 Mann	10 Mann	6 Mann
Höchstgeschwindigkeit	20 km/h	20 km/h	20 km/h
Verbrauch/100 km	Straße 100, Gelände 150 Liter	Straße 100, Gelände 150 Liter	Straße 90 Liter
Fahrbereich	Straße 230, Gelände 150 km	Straße 180, Gelände 110 km	Straße 300 km

Kraftfahrzeuge der Reichswehr und der Wehrmacht

Kübel-, Einheits- und andere Personenkraftwagen

Die Reichswehr, das ab 1921 im viel zu engen Rahmen des Versailler Vertrags aufgebaute 100 000 Mann-Heer, hatte anfangs kein Interesse an speziell für militärische Zwecke entwickelten Geländefahrzeugen. Zur Deckung des ohnehin nur sehr geringen Bedarfs an Personenkraftwagen bediente man sich handelsüblicher Modelle. Wohl entstand bei jeder der 7 Divisionen, in welche sich die Reichswehr gliederte, jeweils eine Kraftfahr-Abteilung, welche jedoch ursprünglich als Nachschubtruppe (bzw. als deren Kader) galt, weshalb folgerichtig die Fahrzeugausstattung dieser Einheiten zunächst hauptsächlich aus Lastwagen und dann auch aus Krafträdern bestand.
Etwa ab 1925 begannen einzelne fortschrittlich denkende Offiziere mit Überlegungen, wie das Automobil auch für den Fronteinsatz brauchbar und nutzbar gemacht werden könnte. Als wichtigste Voraussetzung hierfür erachtete man die Geländegängigkeit der Fahrzeuge, die in einigermaßen befriedigender Weise nach damaliger Vorstellung nur mit Dreiachs-Konstruktionen zu erreichen war. Um die Beschäftigung mit diesen Dingen zu verschleiern, forderte nicht die Reichswehr, nicht deren dafür zuständige Inspektion der Kraftfahrtruppen, sondern das Reichsverkehrsministerium jeweils drei Firmen auf, für die Nutzlastklassen 0,75, 1,5 und 3 to einen geländegängigen Dreiachser zu entwickeln. In der 0,75 to-Klasse beteiligten sich die Firmen Daimler-Benz, Horch und Selve. Alle drei Marken stellten in der Konzeption ziemlich ähnliche Fahrzeuge vor, wobei jedoch lediglich der Horch 8 Geländewagen mit einem Preis des Reichsverkehrsministeriums ausgezeichnet und schließlich, wenn auch nur in geringer Zahl, bei der Reichswehr eingeführt wurde. Von 1926 bis 1928 erhielt die Truppe etwa 60 Fahrzeuge dieses Typs.
In der Folgezeit ließ Horch einen weiteren schweren geländegängigen Personenwagen entstehen, einen Zweiachser mit Vierradantrieb und zwillingsbereiften Hinterrädern. Er war als Gefechtsfahrzeug für Kommandeure gedacht. In den Jahren 1932 und 1934 übernahm die Reichswehr insgesamt 25 Stück. Es waren dies ihre ersten Kfz.21.
Mit Sechsradwagen jedoch hat sich Horch nicht weiter beschäftigt, und Selve mußte 1929 den Automobilbau ohnehin aufgeben. Nur Daimler-Benz betrieb noch jahrelang die Entwicklung dreiachsiger Personenwagen, was ab 1933 zu kleinen Serien des Typs G 4 führte. Auch diese paar Wagen hätten es kaum zu besonderer Bedeutung gebracht, wenn sie nicht später von Hitler und einigen anderen Größen jener Zeit für Fahrten bei Manöverbesuchen, bei der Eingliederung Österreichs, bei der Besetzung der Tschechoslowakei und bei Fahrten in die rückwärtigen Kriegsgebiete benutzt worden wären. Hierfür war der Mercedes-Benz G 4 nicht nur durch seine Geländegängigkeit, sondern vor allem durch seine Größe und seine Exklusivität besonders geeignet, wogegen sich sein Aufwand für wirklich militärischen Einsatz niemals gelohnt hätte. Andererseits blieben die großen Mercedes-Dreiachser nicht die einzigen Personenwagen ihrer Art. Etliche Generäle verfügten über Krupp Cabriolets, die Österreicher lieferten den Steyr 640 als Kommandantenwagen, und auch die drei tschechischen Marken Praga, Tatra und Skoda bauten Sechsrad-Pkw, Praga sogar in relativ großer Zahl. Aber insgesamt blieben alle diese Fahrzeuge Einzelerscheinungen mit Seltenheitswert,

militärisch ohne Bedeutung. Als einzige Dreiachser dieser Größenordnung bewährten sich an der Front die Krupp-Protzen, die wohl in relativ geringer Zahl auch als schwere Pkw oder Gruppenwagen eingesetzt waren, aber ihrer Anlage nach zu den leichten Lastkraftwagen gehören, welchen sie folglich auch in diesem Buche zugeordnet werden.

»Zum Donnerwetter – bremsen Sie doch nicht immer so ruckartig, Kulicke!« Aus Süddeutsche Zeitung. (Zeichnung Holz).

Bei der Reichswehr bestand bald darüber Klarheit, daß sich die Beschaffung von Personenkraftwagen sowohl aus Kosten- als auch aus Zweckmäßigkeitsgründen bis auf weiteres darauf beschränken mußte, kleine und mittelgroße Pkw-Fahrgestelle handelsüblicher Bauart zu verwenden, soweit sie sich durch möglichst geringe Änderungen technischer Art sowie durch spezielle Aufbauten den militärischen Zwecken anpassen ließen. Es entstanden die »Kübelwagen«, welche ab etwa 1928 über zehn Jahre lang für das deutsche Heer typisch blieben. Ihren Namen hatten diese Fahrzeuge dadurch erhalten, daß der Kastenrahmen geeigneter Fahrgestelle mit einer Plattform überdeckt wurde, auf welcher man die Sitze, etliche Halterungen für Waffen und Geräte sowie ein simples Klappverdeck befestigte. Damit aber die Soldaten nicht aus den offenen, türlosen Wagen herausfielen, setzte man sie »in« Kübelsitze, die im Prinzip nichts anderes waren als die Schalensitze heutiger Sportautomobile. Aus den Kübelsitzwagen machte dann der Sprachgebrauch die Kübelwagen. Ab 1937 wurden diese Fahrzeuge mit seitlichen Türen versehen, die man leicht abnehmen konnte, wovon jedoch die Truppe kaum Gebrauch machte. Die Erfahrung des letzten Krieges zeigt, daß der Soldat im Felde bestmöglichen Wetterschutz sowie einen gewissen Komfort braucht. Hierzu zählt beispielsweise auch die Notwendigkeit, im Fahrzeug das persönliche Gepäck mitnehmen zu können. Das war bei den Kübelwagen unberücksichtigt geblieben, weshalb für solche Zwecke meistens die Gerätekästen zweckentfremdet oder andernfalls behelfsmäßige Holzkisten aufgebaut wurden.

Im Prinzip gab es von den Kübelwagen nur vier Ausführungen, nämlich die kleinen mit zwei Sitzen vor einem großen Gerätekasten oder mit drei bzw. vier Sitzen sowie die mittelgroßen Viersitzer entweder ohne oder mit Gerätekasten. Die Fahrzeuge mit Gerätekasten dienten hauptsächlich als Fernsprech-, Funk- oder I-Trupp-Wagen, die anderen waren lediglich »Mannschafts-Kraftwagen« oder, sofern sie einen Zughaken besaßen, Zugmittel für kleine Geschütze wie die (freilich schon damals allzu leichte) Pak. Das Wort Mannschafts-Kraftwagen steht hier deshalb in Anführungszeichen, weil diese Fahrzeuge seinerzeit noch keineswegs für Mannschaften zur Verfügung standen, sondern Offizieren als Transport- und Führungsmittel vorbehalten blieben.

Obwohl es von den Kübelwagen militärtechnisch nur wenige Varianten gab, insgesamt dazu noch in relativ geringer Stückzahl, entstand doch bald eine bunte Modellvielfalt. Sicherlich mußte oder wollte man, zumal sich bis 1933 die deutsche Automobilindustrie in einer recht schwierigen Wirtschaftslage befand, möglichst viele Fabrikate teilhaben lassen. Außerdem erfolgte bei der Reichswehr die Beschaffung neuer Kraftfahrzeuge bis 1928 in der Weise, daß die Wehrkreise entsprechende Aufträge möglichst nur an Firmen im eigenen Bereich vergaben. Dazu brachte es die

Verwendung handelsüblicher Fahrgestelle mit sich, daß die mehr oder weniger häufigen Modellwechsel der einzelnen Marken auch in die Lieferungen an das Heer eingingen.

Als man nach 1933 daranging, die Reichswehr in eine moderne Wehrmacht umzuwandeln, ergaben sich für das Kraftfahrwesen im Heer völlig neue Aspekte. Schon in den Jahren vorher hatte sich – vornehmlich bei jüngeren Offizieren – mehr und mehr die Erkenntnis durchgesetzt, daß das Kraftfahrzeug im Kriege nicht nur als Transportmittel, sondern auch bei der kämpfenden Truppe im Gefecht vielfältige Verwendung finden kann. Die Kraftfahrtruppe wurde zur Kraftfahrkampftruppe. Darüber hinaus gewann das Kraftfahrwesen gewaltig an Bedeutung, je mehr der Wunsch durchdrang, das gesamte Heer der neuen Wehrmacht oder vorerst doch wenigstens möglichst viele Divisionen desselben voll zu motorisieren. Eine dritte, sehr wesentliche Gegebenheit bestand darin, daß im Zuge der Wiederaufrüstung auch kostenmäßig weit großzügiger geplant werden konnte als seither.

Nach Lage der Dinge glaubte das Heereswaffenamt, künftig wenigstens für die Gefechtsfahrzeuge nicht mehr mit Fahrgestellen handelsüblicher Bauart auskommen zu können. Insbesondere bei den Personenkraftwagen strebte man nach größerer Geländegängigkeit, als sie die noch üblichen Kübelwagen besaßen, und im Hinblick auf den rasch anwachsenden Fahrzeugbestand sollten Reparaturen, Lagerhaltung und Nachschub erleichtert werden, was man durch eine radikale Vereinfachung aller zahlenmäßig wichtigen Typen, verbunden mit der Austauschbarkeit möglichst vieler Verschleißteile, zu erreichen hoffte.

Es entstanden die sogenannten Einheits-Fahrgestelle für die leichten, mittleren und schweren Wehrmachts-Personenkraftwagen, für den leichten, vierrädrigen Panzer-Spähwagen sowie für den leichten Wehrmachts-Lastkraftwagen (»Einheits-Diesel«). In bezug auf die Wehrmachts-Pkw hatte man zwar die einstige Vorstellung überwunden, daß zu optimaler Geländetüchtigkeit drei Achsen gehörten, doch statt dessen ging man jetzt von der ebenso unzutreffenden Annahme aus, daß für solche Fahrzeuge die Vierrad-Lenkung von großem Nutzen sei. Sie war beim leichten und beim schweren Einheits-Pkw vorgesehen, während beim mittleren, aus welchen Gründen auch immer, erfreulicherweise von vornherein darauf verzichtet wurde. Als unbedingter Vorteil hat sich hingegen der Allrad-Antrieb und die Verwendung von Sperrdifferentialen erwiesen, womit alle Einheits-Fahrgestelle der Wehrmacht ausgerüstet waren.

Die leichten Einheits-Pkw, nach Konstruktionsplänen des Heereswaffenamtes entwickelt, jedoch mit firmeneigenen Motoren versehen, wurden ab 1936 von Stoewer sowie ab 1937 von BMW und Hanomag an die Wehrmacht geliefert. Ab 1937 baute Horch und ab 1940 auch Opel den mittleren Einheits-Pkw. Das Fahrgestell des schweren Einheits-Pkw wurde, mit im Heck angeordnetem Motor, zunächst nur für den leichten Vierrad-Panzer-Spähwagen verwendet, während der große Pkw mit vornliegendem Motor erst ab 1939 bei Horch und bei Ford zur Serienproduktion kam. (Ford richtete für den Bau dieses Wagens im Jahr 1938 eigens ein Montagewerk bei Ambi-Budd in Berlin ein.) Ab 1940 wurden alle drei Einheits-Fahrgestelle in vereinfachter Ausführung (»Typ 40«) geliefert, wobei vor allem durchweg die ohnehin recht fragwürdige Vierradlenkung entfiel. Vom mittleren und vom schweren Einheits-Pkw gab es – wie übrigens später auch vom schweren Steyr 1500 A – je eine Ausführung alter und neuer Art. Bei der Ausführung alter Art waren beiderseits je ein Reserverad in Wagenmitte drehbar als Stützräder angebracht, womit bezweckt werden sollte, daß die Fahrzeuge nicht mit dem Wagenkasten aufsitzen. Bei der Ausführung neuer Art hat man, was ohne Nachteil möglich war, auf diese Stützräder verzichtet und sich mit einem Reserverad begnügt, das man nun innerhalb der Karosserie befestigte. Dadurch konnte beim mittleren Einheits-Pkw die Karosserie und damit der Innenraum beträchtlich verbreitert werden, und auch beim schweren Einheits-Pkw wurde bei gleich breit gebliebener Karosserie ein entsprechender Raumgewinn erzielt.

Rückblickend darf man feststellen, daß die Einheits-

Pkw, alles in allem genommen, keineswegs die in sie gesetzten Erwartungen erfüllten. Ein völliger Fehlschlag war insbesondere der »leichte« Einheits-Pkw, der zu kompliziert, zu teuer, viel zu schwer, arg empfindlich und deshalb so reparaturanfällig war, daß nur selten mal ein Exemplar die ersten tausend Kilometer kriegsmäßigen Einsatzes überlebte. Anfang 1944 wurden die letzten Wagen ausgeliefert, doch schon ab 1942 kam kein leichter Einheits-Pkw mehr zu gut ausgerüsteten Panzerdivisionen. Freilich rächte es sich nun, daß die Entwicklung von Heeresfahrzeugen jahrelang zentral durch das Heereswaffenamt gesteuert worden war, denn es gab für das »durchgefallene« Modell zunächst keinen recht geeigneten Nachfolger. Bereits ab 1940 kam mehr und mehr der Mercedes-Benz Typ 170 V mit Wehrmacht-Aufbau zum Einsatz, der als mittlerer Personenkraftwagen in den Planstellen der leichten Pkw lief. Dieser Mercedes war qualitativ ausgezeichnet und mechanisch zuverlässig, aber infolge seiner niedrigen Bauart und des fehlenden Allrad-Antriebs zu wenig geländetauglich. Erst als dann ab 1942 die VW-Kübel in größerer Zahl zur Fronttruppe kamen, verfügte diese endlich über jenen leichten Gelände-Pkw, den sie jahrelang sehr vermissen mußte. Wohl besaß auch der VW-Kübel keinen Allrad-Antrieb, doch das geringe Gewicht des Wagens, seine Heckmotor-Bauart und seine überlegene Bodenfreiheit glichen dies ohne weiteres aus. Nur zwei Daten seien aus unseren Typentafeln herausgeholt, weil sie deutlicher als viele Worte zeigen, was damals geboten war:

	Leichter Einheits-Pkw	Mercedes Typ 170 V	VW-Kübel Typ 82
Fahrzeuggewicht	1775 kg	1235 kg	**725 kg**
Bodenfreiheit	235 mm	200 mm	275 mm

Recht gut bewährte sich hingegen der mittlere Einheits-Pkw, und zwar sowohl mit dem Horch- als auch – noch besser – mit dem Opel-Motor. Allerdings bedurfte der Wagen eines sehr hohen Wartungsaufwandes, denn es waren fast 100 Schmierstellen zu versorgen. Auch die Produktion des mittleren Einheits-Pkw wurde im Jahr 1943 eingestellt, doch reichte die Zahl der vorhandenen Fahrzeuge bis Kriegsende aus, denn sie waren in der Hand guter Fahrer und gewissenhafter Wagenpfleger sehr zäh, zuverlässig und dauerhaft. So brauchte man für diesen Typ keinen direkten Nachfolger.

Ein beträchtlicher Teil der mittleren Einheits-Pkw (schätzungsweise 15 bis 20 %) besaßen einen geschlossenen Aufbau, überwiegend eingerichtet als Kfz.17 für den kleinen Funktrupp. Diese Aufbauten, von der Firma Gläser entwickelt und großenteils auch gebaut, waren mit auf Holzrahmen aufgeschraubten Bakelitplatten verkleidet. Die Wand blieb hohl. Es gab – wie bei den offenen Mannschaftswagen – eine alte und eine neue Ausführung. Die erstere trug beiderseits drehbare Stützräder, während später nur 1 Reserverad außen links fest angeschraubt war. Die 2 oder 3 Mann Besatzung wurden um ihren schönen »Wohnwagen« viel beneidet, doch verlegten sie im Winter ihre Funkstelle lieber in Häuser oder Bunker, weil es in dem Auto arg beengt zuging und weil die kleinen Katalyt-Öfen zwischen den Füßen nur wenig wärmten und überdies die Atemluft wegnahmen.

Etwa 50 oder höchstens 100 mittlere Einheits-Pkw wurden von Gläser, aber auch von anderen Karosseriefirmen als Kfz.21 mit einem Cabriolet-Aufbau versehen. Diese Wagen erhielten einen etwas stärkeren Motor, ein anderes Getriebe und einen zivileren Kühler. Hitler selbst teilte diese Autos den höheren Generälen zu, normalerweise vom Kommandierenden General an aufwärts. Im Gegensatz zu den offenen Mannschaftswagen mit Ganzstahl-Karosserie waren die Cabriolets noch in Holz-Stahl-Bauweise ausgeführt. Etliche dieser Kommandeurwagen waren sogar gepanzert und mit kugelsicheren Scheiben versehen. Hier war dann die Rückwand des Klappverdecks mit ineinander schiebbaren Stahlblechschalen beschußfest gemacht.

Wenig rühmlich blieb der schwere Einheits-Pkw in Erinnerung, der ohnehin nur in den Jahren 1939 bis 1941 in den Truppengebrauch gelangte. Diese Wagen waren für den Horch- und mehr noch für den auch aus anderen Gründen wenig geeigneten Ford V8-Motor zu schwer, ihre Wartung erforderte ebenfalls viel Aufwand, und das komplizierte Fahrgestell zeigte sich den ungewöhnlich hohen Beanspruchungen nicht gewachsen, welchen gerade diese Fahrzeuge unterlagen. Sie fanden nämlich meistens als Gruppenwagen bei den mot. Schützen bzw. Panzergrenadieren und ähnlichen Kampftruppen Verwendung, wobei bis zu 10 Mann mit voller Ausrüstung und oft dazu auch noch einem Geschütz am Haken in ihre Einsätze fuhren. Die zweite Hauptverwendung der schweren Einheits-Pkw erfolgte mit geschlossenem Aufbau als Krankenwagen. Das ging etwas besser, weil die Belastung geringer und mehr Gelegenheit zur Wartung gegeben war.

Unter den harten Bedingungen des Rußlandkrieges kam es eben nicht auf eine technisch großartige und optisch eindrucksvolle Konstruktion der Fahrzeuge an, sondern auf Einfachheit und Robustheit. Dieser (viel zu späten) Erkenntnis wurden die ursprünglich als 1,5 Tonnen-Lastwagen vorgesehenen, dann aber überwiegend mit geräumigen, jedoch einfachen Achtsitzer-Pkw-Aufbauten versehenen 1500 A-Typen der Firmen Daimler-Benz, Steyr und Phänomen gerecht, welche ab 1941 /42 die schweren Einheits-Pkw ersetzten. In diesem Zusammenhang sei erwähnt, daß 1942 auch die Auto Union (Werk Wanderer) einen 1,5 Tonner in S- und A-Ausführung herausbrachte. Doch dieses Fabrikat wurde von der Wehrmacht nicht akzeptiert, und die Wanderer-Werke mußten statt dessen den Nachbau des Steyr 1500 A übernehmen. Übrigens kamen die Steyr 1500 A sehr zahlreich und die als Mannschaftswagen gebauten Phänomen Granit 1500 A wohl ausschließlich beim Afrika-Korps zum Einsatz, weil man dort Fahrzeuge mit luftgekühlten Motoren bevorzugte. Diese Wagen waren, ebenso wie z. B. auch die in Afrika verwendeten VW-Kübel, mit wesentlich kleineren Felgen und voluminösen Sandreifen ausgerüstet.

Die Einheits-Personenkraftwagen heereseigener Konstruktion, um darauf zurückzukommen, erwiesen sich in 6 Kriegsjahren als eine blamable Enttäuschung. Jede beliebige Autofabrik hätte in eigener Regie technisch und konstruktiv bessere Modelle entwickelt. Die für eine Kriegsführung höchst lästige Typenvielfalt ließ sich mit den Einheits-Pkw ebenfalls nicht beseitigen. Sie bewirkten im Gegenteil eine zusätzliche Vermehrung des Durcheinanders, denn praktisch hatte man es eben nur mit einer weiteren Typenreihe neben jenen vielen anderen zu tun, die ja doch unentbehrlich blieben. Bei der Ersatzteilversorgung bereiteten die Einheits-Pkw sogar die größten Schwierigkeiten, weil infolge ihrer anfälligen Technik laufend Änderungen vorgenommen werden mußten.

Das beste Fahrzeug, über das die Wehrmacht jemals verfügte, war keineswegs eine heereseigene Konstruktion: der VW-Kübelwagen. Als Professor Porsche wenige Monate vor Kriegsausbruch den Auftrag bekam, einen leichten Geländewagen zu entwickeln, entschloß er sich kurzerhand zu einer Abwandlung des normalen VW. Es genügte, dessen Fahrgestell höher und steifer zu bauen, dem Motor ein größeres Filter aufzusetzen und das Auto mit einer einfachen, leichten Karosserie zu versehen. Mit dem VW-Geländewagen verließ Porsche völlig die bis dahin für solche Spezialfahrzeuge üblichen Konstruktions-Prinzipien. Niemand vor ihm war darauf gekommen, daß es zweckmäßig sein könne, auch ein Militärfahrzeug ganz leicht und einfach statt massiv und kompliziert zu bauen. Auch hielt er richtigerweise einen kleinen, luftgekühlten Einliter-Motor für völlig ausreichend. Die technischen und militärischen Koryphäen jener Jahre zeigten sich frappiert, ja bestürzt über dieses neue Geländeautomobil. Doch waren die Vorurteile schnell überwunden, als sich dieses auf Anhieb ebenso prächtig bewährte, wie der heereseigene leichte Einheits-Pkw in fast jeder Beziehung versagte.

Im Juni 1940 gelangten die ersten VW-Kübelwagen zur Truppe. Seine rasche Einführung verdankte das neue Modell vor allem dem Umstand, daß Rommel für den bevorstehenden Afrika-Feldzug ein sehr leichtes Fahrzeug brauchte und außerdem für diesen Einsatz luftgekühlte Motoren für besonders geeignet erachtete. Tatsächlich gelangte das »deutsche Kamel«

im Wüstenkrieg zu Weltruhm. Aber auch an den anderen Fronten hat sich der VW-Kübel überzeugend durchgesetzt. Seine Anspruchslosigkeit und Zuverlässigkeit wurde von keinem vergleichbaren Wagentyp erreicht, und der luftgekühlte Motor ertrug arktische Kälte genauso gleichmütig wie tropische Hitze. Jedem, der dabei war, wird es unvergeßlich bleiben, wie die Volkswagen, die ja nur Hinterradantrieb besaßen, unverdrossen durch den Schlamm russischer Rollbahnen mahlten, wo sich ansonsten allenfalls noch ein paar Allrad- oder die Kettenfahrzeuge mit eigener Kraft zu bewegen vermochten.

Noch glorioser waren die Leistungen des Schwimmwagens, des Porsche-Typs 166, der seinem Bestimmungszweck nach als sogenannter Kradschützenwagen entwickelt worden war. Wie der Name sagt, sollte und wurde er schließlich auch vor allem bei den Kradschützen (später bei den Panzeraufklärern und Panzergrenadieren) verwendet, um die Seitenwagen-Maschinen zu ersetzen, die den Strapazen der Ostfront nicht standhielten. Als Schwimmwagen kam der Amphibien-VW allerdings kaum zur Geltung. Abgesehen davon, daß Landsoldaten einsatzmäßig nur äußerst ungern ins Wasser gehen, fuhr der Schwimmwagen dort infolge seines großen Tiefgangs arg langsam, und überdies war er wegen seines geringen Freibords auch gefährlich. Nur in Ruhestellungen schwamm man gern zum Vergnügen mit ihm herum. Hochgeschätzt aber war das Auto wegen seiner geradezu extremen Geländegängigkeit, die es dem Vierradantrieb, dem leichten Gewicht und dem kurzen Radstand verdankte. Trotz seiner räumlichen Beengtheit galt der Schwimm-Kübel als ideales Transportmittel für schwierigstes Gelände. Er wurde bis Mitte 1944 gebaut. Schätzungsweise 150 solcher Fahrzeuge sind heute noch vorhanden. Guten Erhaltungszustand vorausgesetzt werden sie unter ihren erstaunlich zahlreichen Liebhabern für fünfstellige DM-Beträge gehandelt.

Die Bewährung der VW-Kübel- und Schwimmwagen an allen Fronten muß freilich, zumal beim Vergleich mit heutigen Bundeswehr-Kraftfahrzeugen, insofern im richtigen Licht gesehen werden, daß sich deren Einsatz jeweils nur über wenige tausend, wenn auch unter meist äußerst harten Bedingungen zurückgelegte Fahrkilometer zu erstrecken brauchte. Die Masse der damaligen VW-Kübelwagen wurde nur wenige tausend Kilometer alt, einige mögen 5000 km gefahren sein, aber schon auf 10 000 km dürfte es bei der Fronttruppe keiner gebracht haben. Der Krieg war nämlich vorher aus oder das Auto kaputtgeschossen. Allein schon die Benzinknappheit sorgte dafür, daß nicht übermäßig viel gefahren wurde. Jedenfalls waren die Beanspruchungen, denen sich der VW-Kübel gewachsen zeigte, völlig anders geartet als jene, mit denen unsere Bundeswehr-Kraftfahrzeuge, vergleichsweise etwa der VW 181, fertig werden müssen. Wollte man die legendären VW-Kübel unter den heutigen Friedensverhältnissen 100 oder 200 000 Kilometer in 10 bis 15 Jahren abspulen lassen, dann bliebe von ihrem einstigen Ruhm nicht mehr viel übrig. Es besteht nicht der geringste Anlaß, die großartigen Leistungen der Volkswagen unter den damaligen Gegebenheiten nachträglich in Zweifel zu ziehen, doch muß man den richtigen Maßstab anlegen, wenn Fahrzeuge von damals und Fahrzeuge von heute vergleichend beurteilt werden sollen.

Ferner darf hier auch noch auf eine geschichtliche Unwahrheit hingewiesen werden. Immer wieder wird behauptet, die Machthaber des Dritten Reiches hätten bei der Schaffung des Volkswagens und seiner Produktionsstätte von vornherein militärische Ziele verfolgt. Das ist nicht wahr. Der normale VW eignete sich gewiß nicht für den Einsatz an der Front, und dessen Umwandlung zum Wehrmachtfahrzeug begann erst wenige Monate vor dem Krieg. Dabei mußten während der gesamten Produktionsdauer die Karosserien für den Kübel-VW von einer Berliner Firma (Ambi-Budd) bezogen und per Bahn herangeschafft werden. Anlage und Standort des Volkswagenwerks entsprachen durchaus seinem friedlichen Bestimmungszweck, keineswegs aber strategischen oder taktischen Rücksichten, denn selbst elementare Belange des Luftschutzes blieben völlig unbeachtet. Auch wurde nur ein kleiner Teil der Anlagen während des Krieges für den Automobilbau benützt, bei weitem überwog die Produktion von Flugzeugteilen, Minen und sonstigem artfremden Rüstungsbedarf. So war die Zahl der in Wolfsburg gebauten Wehrmachtfahrzeuge für die damals gewohnten Größenordnungen zwar durchaus beachtlich, doch beanspruchte man damit nur einen verhältnismäßig kleinen Teil der seinerzeit schon vorhandenen Kapazität des Werks.

Der Rundblick über die damaligen deutschen Militärfahrzeuge vermittelt den Eindruck einer durchaus ungesunden Vielfalt. Aber die Wirklichkeit war ja weit schlimmer. Die Wehrmacht führte mit einem Kraftfahrzeugpark Krieg, der zu über 60 % aus sogenannten »Ergänzungsfahrzeugen« bestand, die aus der Wirtschaft, aus Privatbesitz oder aus Beutebeständen stammten. Nicht eingezogen wurden Pkw mit Motoren bis 1 Liter Hubraum, mit Zweitaktmotoren und mit Frontantrieb. Dadurch wiederum standen genügend Autos für den Kriegsbedarf in der Heimat zur Verfügung, wo ohnehin nur kleine Pkw (bis maximal 2 Liter Hubraum) einen »roten Winkel« erhielten. Die Wehrmacht vereinnahmte vor allem möglichst sämtliche Cabriolets, während Limousinen größenteils daheim blieben, wenn auch deshalb noch längst nicht fahren durften. Bei der Übernahme von Beutefahrzeugen nach dem Westfeldzug verfuhr man nicht mehr so wählerisch wie bei den Einziehungen zu Beginn des Krieges. In diesen letzten Wochen und Monaten schließlich nahmen Offiziere und Soldaten noch ganz willkürlich alles mit, was aus eigener Kraft rollen (und betankt) werden konnte. Das waren dann keine offiziellen Einziehungen mehr, auch erfolgten sie entschädigungslos, aber der Staat beanspruchte nach dem Krieg auch solche mehr oder weniger gestohlenen Kraftfahrzeuge als sein rechtmäßiges Eigentum. Kommentar überflüssig.

Aufbauten für Wehrmacht-Pkw.

Auer (Bad Cannstatt)	Kfz.	1,	2		
Magirus (Werk Mainz)	Kfz.		2		
Ver. Werkstätten f. Karosseriebau (München)	Kfz.		2		
Voges	Kfz.	1,	2		
Ackermann (Vohwinkel)	Kfz.		15,	17	
Ambi-Budd (Berlin-Johannisthal)	Kfz.		15,	17,	18
Auer (Bad Cannstatt)	Kfz.	12			
Authenrieth (Darmstadt)	Kfz.	12			
Blumhardt (Elberfeld)	Kfz.		15,	17	
Bauer (Köln-Ehrenfeld)	Kfz.		15,	17	
Bauer (Bad Cannstatt)	Kfz.		15,	17	
Buhne (Berlin)	Kfz.		15		
Erdmann & Rossi (Berlin-Halensee)	Kfz.	12,	15,		21
Frankfurter Karosseriefabrik (Frankfurt/M.)	Kfz.	12,	15		
Gaubschat (Berlin-Neukölln)	Kfz.	12,	15,	17	
Gläser (Dresden)	Kfz.	12,		17,	21
Handwerksgenossenschaft Sachsen (Dresden)	Kfz.	12,	15		
Hebmüller (Wülfrath)	Kfz.				21
Papler (Köln)	Kfz.		15		
Rathgeber (München)	Kfz.		15,	17	
Saarbrücker Karosseriefabrik (Saarbrücken)	Kfz.	12			
Schlechte (Hamburg)	Kfz.	12			
Trutz (Coburg)	Kfz.	12,	15,	17,	18
Ver. Werkstätten f. Karosseriebau (München)	Kfz.		15		
Wumag (Görlitz)	Kfz.		15		
Zschau (Leipzig)	Kfz.	12,	15		

Entwicklungsfirmen waren Trutz (Coburg) für die offenen und Gläser (Dresden) für die geschlossenen Aufbauten der Wehrmacht-Pkw. Nachbaufirmen bekamen den Satz Zeichnungen und fertigten je nach Bedarf bzw. je nach Erfolg bei den beschränkten Ausschreibungen. Die gebräuchlichsten Aufbauten wurden von folgenden Firmen hergestellt:

Nur Daimler-Benz und die Auto Union (Horch, Wanderer) lieferten komplette Kübelwagen älterer Art, während bei den übrigen Automobilherstellem lediglich die Fahrgestelle bestellt wurden.

Stoewer stellte die Aufbauten der leichten Einheits-Pkw überwiegend selbst her (Vorserie: Linke-Hofmann). Hanomag baute ebenfalls die leichten Einheits-Pkw komplett und lieferte außerdem Karosserien für dieselben an BMW (Eisenach). Horch, Wanderer, Opel und Ford lieferten für mittlere bzw. schwere Einheits-Pkw ausschließlich die Fahrgestelle. Ambi-Budd (Berlin) war größter Hersteller der Aufbauten für mittlere und schwere Einheits-Pkw und lieferte außerdem alle Aufbauten für VW Kübel- und Schwimmwagen.

Die 1. (Verm.)/Fahrabteilung 7 München vor dem Ausrücken auf dem Kasernenhof aufgefahren. Das war im Januar 1933. Die Einheit war damals schon vollmotorisiert, aber statt mit Kübelwagen noch mit älteren handelsüblichen Pkw ausgerüstet.

10 Mercedes-Benz 8/38 PS Typ Stuttgart und 4 Mercedes-Benz 15/70/100 PS Typ 400 mit Kompressor werden an die Reichswehr ausgeliefert. Ein Foto von 1928 oder 1929.

Mit dem BMW 3/15 PS (1929-1930) wurden bei der Reichswehr zum ersten Mal Mannschafts-Pkw in größerer Zahl eingesetzt. Die beiden oberen Bilder zeigen Maschinengewehr-Wagen der Mot. Schützen, das untere Bild einen BMW 3/15 PS bei einem Geländewettbewerb im Jahre 1934.

Hanomag 3/16 PS Zweisitzer (1928-1929) und Hanomag 4/20 PS Viersitzer (1930-1931) beschaffte die Reichswehr noch mit der Serienkarosserie.

Marke, Typ	Zylinderzahl	Hubraum ccm	Leistung PS	Radstand mm	Reifen	Baujahr	Stückzahl	Bemerkungen
Dixi								
3/15 PS	4	743	15	1905	27 x 4″	1928	ca. 300	Starrachsen
BMW								
3/15 PS	4	743	15	1905	27 x 4″	1929-1930		Starrachsen
309	4	845	22	2400	5,25-16	1934-1935		
303	6	1173	30	2400	5,25-16	1933-1934	ca. 2000	
315	6	1490	34	2400	5,25-16	1934-1936		
Hanomag								
3/16 PS	4	750	16	2300	27 x 4″	1928-1929		Starrachsen
4/20 PS	4	1089	20	2450	4,00-18	1930-1931		Starrachsen
4/23 PS	4	1089	23	2450	4,50-17	1932-1935		Starrachsen
Rekord	4	1494	32	2825	4,75-17	1934-1936		
Rekord	4	1494	35	2825	5,25-17	1937-1938		
Opel								
P 4	4	1288	28	2460	5,25-16	1937-1938		Starrachsen
Steyr								
Typ 250	B4	1158	25	2600	5,25-17	1938-1940	1200	
Tatra								
57 K	B4L	1250	25	2560	6,00-16	1941-1943	ca. 6000	
Skoda								
Popular 1100	4	1089	32	2485	5,25-18	1939-1942		
Superb 3000	6	3140	80	3415	7,00-16	1941-1943		
Mercedes-Benz								
8/38 PS	6	1988	38	2810	30x5,77	1928-1929		Starrachsen
Typ 200 Stuttgart	6	1988	38	2810	5,25-20	1929-1931		Starrachsen
Typ 260 Stuttgart	6	2581	50	2810	6,00-20	1929-1935	1507	Starrachsen
Typ 290/1	6	2867	60	2880	6,00-17	1934-1935	90	
Typ 290/11	6	2867	68	2880	6,00-17	1936-1937	629	
Typ 320 WK	6	3208	78	2880	6,50-20	1936-1939	1764	
Typ 340 WK	6	3405	80	3300	6,50-20	1938-1940	42	
Typ 160 HM	4	1697	38	2500	5,00-17	1935	8	Heckmotor
Typ 170 VK	4	1697	38	2845	5,25-16	1938-1942	19075	
Wanderer								
W11 (2,5 Liter)	6	2540	50	3000	6,00-20	1933-1936	2844	Starrachsen
W 11 (3 Liter)	6	2979	60	3000	6,00-20	1937-1941	2714	Starrachsen
W 23 S	6	2651	61	3100	6,50-20	1937-1939		
Adler								
Favorit	4	1840	35	2840	5,00-18	1929-1932	wenige	Starrachsen
12 N - RW	6	2916	50	2840	6,00-20	1932-1933	199	Starrachsen
12N-3G	6	2916	60	2840	6,00-20	1933-1935	1898	Starrachsen
3 Gd	6	2896	60	3355	6,00-20	1936-1940	4297	
Phänomen								
Granit 25	4L	2497	37	3250	6,00-20	1934-1935		Starrachsen
Stoewer								
M 12 RW	8	2963	60	3100	5,50-18	1935-1936	569	Starrachsen
Horch								
Typ 740	8	4944	100	3470	6,00-18	1932	18	Starrachsen
Typ 770	8	4944	100	3470	6,00-18	1934	8	Starrachsen
Typ 830 R	V8	3004	62	3200	6,00-20	1934	564	Starrachsen
Typ 830 R	V8	3250	70	3200	6,00-20	1934-1937	3972	Starrachsen
Typ 830 BL	V8	3823	92	3350	6,50-17	1939-1940	ca. 50	

Kübel-Pkw, auf handelsüblichen oder davon abgeleiteten Fahrgestellen

Kübel-, Gelände und Schwimm-PKW (Sonderkonstruktion (Linke Seite)

Marke, Typ	Zylinderzahl	Hubraum ccm	Leistung PS	Radstand mm	Reifen	Baujahr	Stückzahl	Räder x Antriebsräder	Bemerkungen
le.gl.Einheits-PKW.									
Stoewer R 180 Spezial	4	1757	42	2400	5,50-18	1936-1938	ca. 1000	4 x 4	Allrad-Lenkung
Stoewer R 200 Spezial	4	1997	50	2400	6,00-18	1938-1940	ca. 2000	4 x 4	Allrad-Lenkung
BMW Typ 325	6	1957	50	2400	6,00-18	1937-1940	3225	4 x 4	Allrad-Lenkung
Hanomag Typ 20 B	4	1991	50	2400	6,00-18	1937-1940	ca. 2000	4 x 4	Allrad-Lenkung
Stoewer Typ 40	4	1997	50	2400	6,00-18	1940-1943	ca. 4700	4 x 4	
m.gl.Einheits-PKW.									
Horch 901	V8	3517	80	3100	190-18	1937-1940	Horch: 14911 (einschl. ca. 50 Cabriolets) Wanderer: mit Horch-Motor ca. 10 000 Opel-Motor ca. 6 000 Opel: einige tausend		
Horch 901 Typ 40	V8	3517	80	3100	190-18	1940-1943		4 x 4	
Horch 901 Cabriolet	V8	3823	90	3100	190-18	1940-1942		4 x 4	
Wanderer 901	V8	3517	80	3100	190-18	1937-1940		4 x 4	
Wanderer 901 Typ 40	V8	3517	80	3100	190-18	1940-1941		4 x 4	
Opel Typ mPI	6	3626	68	3100	190-18	1940-1943		4 x 4	
Wanderer Typ 40	6	3626	68	3100	190-18	1942-1943		4 x 4	
s.gl.Einheits-PKW.									
Horch 108 Typ a	V8	35170		3000	210-18	1937-1938		4 x 4	Allrad-Lenkung
Horch 108 Typ b	V8	3517	80	3000	210-18	1937-1938		4 x 4	
Horch 108 Typ 1a	V8	3823	81	3000	210-18	1939-1940	8135	4 x 4	Allrad-Lenkung
Horch 108 Typ 1b	V8	3823	81	3000	210-18	1939-1940		4 x 4	
Horch 108 Typ 40	V8	3823	90	3000	210-18	1940-1942		4 x 4	
Ford Typ EGa, EGd	V8	3613	78	3000	210-18	1939-1940		4 x 4	Allrad-Lenkung
Ford Typ EGb	V8	3613	78	3000	210-18	1939-1940	1901	4 x 4	
Ford EG Typ 40	V8	3613	78	3000	210-18	1940-1941		4 x 4	
Mercedes-Benz 170 VG	4	1697	38	2600	5,25-18	1935	62	4 x 4	
Mercedes-Benz 170 VL	4	1697	38	2525	5,25-18	1936	42	4 x 4	Allrad-Lenkung
Mercedes-Benz G 5	4	2006	45	2530	6,00-18	1937-1941	378	4 x 4	Allrad-Lenkung
Adler V 40 T	6	2494	55	2500	versch.	1941	7	4 x 4	
Trippel SG 6	6	2473	55	2500	7,50-17	1941-1944	ca. 1000	4 x 4	Schwimmwagen
Volkswagen									
Typ 62	B4L	958	23,5	2400	5,00-18	1939	Prototypen	4 x 2	Kübelwagen
Typ 82	B4L	985	23,5	2400	5,25-16	1940-1943	50435	4 x 2	Kübelwagen
Typ 82	B4L	1130	25	2400	5,25-16	1943-1945		4 x 2	Kübelwagen
Typ 128	B4L	1130	25	2400	5,25-16	1941	30	4 x 4	Schwimmwagen
Typ 166	B4L	1130	25	2000	5,25-16	1942-1944	14283	4 x 4	Schwimmwagen
Typ 87	B4L	1130	25	2400	5,25-16	1942-1944	564	4 x 4	Limousine
Typ 82 E, 92 SS	B4L	1130	25	2400	5,25-16	1943-1945	667	4 x 2	Limousine
Dreiachs-PKW.									
Horch 8 Typ 40	8	3378	65	3170	32 x 6“	1926-1928	ca. 60	6 x 4	Starrachsen
Selve Typ M	6	3096	53	3485	33 x 6,20	1926-1929	wenige	6x6	
Mercedes-Benz G 1	6	3079	50	versch.	775 x 145	1926-1928	7	6 x 4	Starrachsen
Mercedes-Benz G 4	8	5018	100	4050	7,50-17	1934-1935		6 x 4	Starrachsen
Mercedes-Benz G 4	8	5252	115	4050	7,50-17	1934-1935	72	6 x 4	Starrachsen
Mercedes-Benz G 4	8	5401	110	4050	7,50-17	1937-1939		6 x 4	Starrachsen
Krupp L2H 143	B4L	3308	60	3815	7,50-17	1939-1940	wenige	6 x 4	
Steyr 640	6	2620	45	4090	7,00-18	1939-1941	wenige	6 x 4	
Praga AV	6	3468	70	3420	5,50-18	1938-1939	389	6 x 4	
Tatra T 93	V8L	3980	70	3740	6,00-20	1939-1940		6 x 4	
Skoda	6	3140	80	3820	6,50-20	1941-1942		6 x 4	
Mercedes-Benz									
Typ L 1500 A	6	2594	60	3000	190-20	1941-1943	4900	4 x 4	Starrachsen
Steyr									
Typ 1500 A	V8L	3517	86	3250	190-20	1941-1944	12450	4 x 4	
Auto Union 1500 A	V8L	3517	86	3250	190-20	1943-1944	ca. 5600	4 x 4	
Phänomen									
Granit 1500 A	4L	2678	50	3270	190-20	1941-1943		4 x 4	Starrachsen

Serienmäßige Hanomag 4/20 PS Cabrio-Limousine 1931 bei der Reichswehr. Kennzeichnend für die damaligen Heeres-Fahrzeuge war der drastisch bunte Tarnanstrich.

Hanomag 4/20 PS als kleiner Fernsprech-Kraftwagen Kfz. 2 mit 2 Sitzen und Gerätekasten. Gewicht ca 1000 kg. Gesamtmaße 3700 x 1500 x 1550 mm. Die Aufbauten fertigten in gleicher Ausführung Magirus (Ulm) und die Vereinigten Werkstätten für Karosserie- und Wagenbau (München).

Hanomag 4/20 PS als dreisitziger Kübelwagen Kfz. 1.

Hanomag 4/20 PS als dreisitziger Kübelwagen Kfz. 1, hier mit geschlossenem Wetterdach.

Linke Spalte von oben nach unten:

Hanomag Garant Modell 1936/37 als offener Viersitzer mit seriennaher Karosserie.

Hanomag Rekord (1934-1938) als viersitziger Kübelwagen Kfz. 1, hier mit geschlossenem - Wet-terdach.

Hanomag Sturm Modell 1937/38 als Gelände-Sportwagen. Solche Fahrzeuge überließ die Industrie der Wehrmacht zur Teilnahme an den damals zahlreichen Geländesport-Veranstaltungen.

Hanomag Sturm Modell 1937/38 als viersitziger Kübelwagen. Bei der Wehrmacht war er wohl selten im Gebrauch, öfter hingegen bei Polizei- oder Parteiformationen.

Rechte Spalte Bild 1 und 2:

BMW 315 (6 Zylinder, 1,5 Liter, 34 PS) als viersitziger Kübelwagen Kfz. 1, gebaut in den Jahren 1934 bis 1936. Gewicht 1000 kg. Gesamtmaße 4100 x 1500 x 1600 mm. Die meisten dieser Autos erlebten noch die ersten Monate des Rußlandkriegs, dann aber waren sie am Ende.

Rechte Spalte Bild 3 und 4:

BMW 309 (4 Zylinder, 0,9 Liter, 23 PS) als kleiner Fernsprech-Kraftwagen Kfz. 2 mit 2 Sitzen und Gerätekasten. Baujahr 1934/35. Der Aufbau wurde bei Magirus (Ulm) entwickelt und hergestellt.

6

BMW 309 im Frieden. Geländeübung bei der 1. Pz. Div., 1936 fotografiert.

BMW 309 im Krieg: Vormarsch am Nordabschnitt der Ostfront im Spätsommer 1941.

Rechte Spalte Bild 1 und 2:
Diese beiden Mercedes-Benz Typ Stuttgart, 2,6 Liter Kübelwagen, vermutlich etwa 1929 gebaut, dürften wohl zu den ersten Fahrzeugen dieser Art gehört haben. Sie zeigen bereits die für den Kübelwagen typische Karosserieform, wirken aber unfertig. Zwei Reserveräder noch am Heck.

Rechte Spalte Bild 3:
Als Gefechtskraftwagen Kfz. 18 war ursprünglich ein mittl. Pkw. mit 2 Sitzen, großem Gerätekasten und Zughaken vorgesehen, im Aussehen etwa dem kleinen Fernsprechwagen ähnlich. Von diesem Kfz. 18 alter Bauart wurden aber anscheinend nur wenige Exemplare in Dienst gestellt.

Etwa von 1930 bis 1935 war der Mercedes-Benz Typ Stuttgart mit 10/50 PS 2,6 Liter Sechszylinder-Motor wohl der meistgefahrene Kübelwagen bei der Reichswehr und der Wehrmacht. Er war nicht zu klein und nicht zu groß, war leistungsfähig, zuverlässig, robust und dauerhaft. Die Aufbauten dieses besonders bewährten Modells wurden teils im Werk Sindelfingen, teils bei den Firmen Trutz (Coburg) oder Gaubschat (Berlin) hergestellt.

Mercedes-Benz Typ 200 Cabriolet C Modell 1934, Lackierung feldgraumatt. Dieses oder ein ähnliches Fahrzeug erhielten vor dem Krieg Regimentskommandeure – das war damals meistens ein Oberst – als sogenannten »Stadtwagen«. Das war sinnvoll, weil diese Herren, die oft zugleich auch als Standortälteste auftraten, viele repräsentative Verpflichtungen hatten, wohin die Fahrt im Kübelwagen unnötig und unzweckmäßig gewesen wäre.

Mercedes-Benz Kübelsitzwagen Typ 290/1 (1934-1935). Aufbau Trutz (Coburg).

Mercedes-Benz Kübelsitzwagen Typ 290/II (1936-1937). Aufbau Gaubschat (Berlin).

Mercedes-Benz Kübelsitzwagen Typ 320 WK (1936-1939) mit geöffnetem und geschlossenem Verdeck.

	Mittl. Kübel-Pkw (4 x 2) Mercedes-Benz 8/38 PS 1926-1929	Mittl. Kübel-Pkw (4 x 2) Mercedes-Benz Stuttgart 200 1929-1931	Mittl. Kübel-Pkw (4 x 2) Mercedes-Benz Stuttgart 260 1929-1935
Motor	Daimler-Benz M 6506	Daimler-Benz M 02	Daimler-Benz M 11
Zylinderzahl	6 (Reihe)	6 (Reihe)	6 (Reihe)
Bohrung x Hub	65 x 100 mm	65 x100 mm	74 x 100 mm
Hubraum	1988 ccm	1988 ccm	2581 (Steuer 2562) ccm
Leistung	38 PS bei 3400 U/min	38 PS bei 3200 U/min	50 PS bei 3400 U/min
Drehmoment	10,0 mkg bei 1400 U/min	10,6 mkg bei 1400 U/min	13,8 mkg bei 1200 U/min
Verdichtung	1:5,0	1:6,2	1:5,0 bzw. (ab 1931) 5,6
Vergaser	1 Zenith 30 HKG Mod. TD	1 Solex 30 MOHLT	1 Solex 35 MOHLT bzw. (ab 1931)1 Solex 35 FH LS
Ventile	Stehend seitlich Seitliche Nockenwelle Antrieb durch Stirnräder	Stehend seitlich Seitliche Nockenwelle Antrieb durch Stirnräder	Stehend seitlich Seitliche Nockenwelle Antrieb durch Stirnräder
Kurbelwellenlager	7	7	7
Kühlung	Pumpe, 15 Liter Wasser	Pumpe, 15 Liter Wasser	Pumpe, 15 Liter Wasser
Schmierung	Druckumlauf, 8 Liter Öl	Druckumlauf, 8 Liter Öl	Druckumlauf, 8 Liter Öl
Batterie	12 V 40 Ah	12 V45 Ah	12 V60 Ah
Lichtmaschine	75 W	75 W	75 W
Anlasser	0,6 PS	0,6 PS	1,2 PS
Kraftübertragung	Antrieb auf Hinterräder	Antrieb auf Hinterräder	Antrieb auf Hinterräder
Kupplung	Einscheibentrockenkupplung	Einscheibentrockenkupplung	Einscheibentrockenkupplung
Schaltung	Schalthebel Wagenmitte	Schalthebel Wagenmitte	Schalthebel Wagenmitte
Getriebe	3 Gang	3 oder 4 Gang	3 oder 4 Gang
Synchronisierung	Ohne	Ohne	Ohne
Übersetzungen	I. 3,40 II. 2,00 III. 1,00	I. 3,40 II. 2,00 III. 1,00 (IV. 0,76)	I. 3,40 II. 1,78 III. 1,00 (IV. 0,76)
Antriebs-Übersetzung	6,62	6,62	5,20
Fahrwerk	U-Profil-Preßstahl-Rahmen	U-Profil-Preßstahl-Rahmen	U-Profil-Preßstahl-Rahmen
Vorderradaufhängung	Starrachse, Halbfedern	Starrachse, Halbfedern	Starrachse, Halbfedern
Hinterradaufhängung	Starrachse, Halbfedern	Starrachse, Halbfedern	Starrachse, Halbfedern
Lenkung	Schraubenspindel	Schraubenspindel	Schraubenspindel
Fußbremse	Mechanisch, 4 Räder	Mechanisch, 4 Räder	Mechanisch, 4 Räder
Handbremse	Mechanisch, Hinterräder	Mechanisch, Hinterräder	Mechanisch, Hinterräder
Schmierung	Zentral	Zentral	Zentral
Allgemeine Daten			
Radstand	2810 mm	2810 mm	2810 mm
Spur vorn/hinten	1420/1420 mm	1420/1420 mm	1430/1430 mm
Gesamtmaße (mit Verdeck)	4380 x 1680 x 1520 mm	4385 x 1710 x 1620 mm	4380 x 1680 x 1750 mm
Räder	Stahlspeichen oder Scheiben	Stahlspeichen oder Scheiben	Scheiben
Reifen	775x145 oder 30x5,77	5,25-20	6,00-20 Gelände
Bodenfreiheit	210 mm	210 mm	190 mm
Spurkreis-ø	11 Meter	11 Meter	11 Meter
Fahrzeuggewicht	1230 kg	1250 kg	1250 kg
Zuläss. Gesamtgewicht	1860 kg	1860 kg	1860 kg
Nutzlast	630 kg	610 kg	610 kg
Besatzung	1 + 3 Mann	1 + 3 Mann	1 + 3 Mann
Höchstgeschwindigkeit	72 km/h	75 km/h	85 km/h
Verbrauch/100 km	Straße 16 Liter	Straße 16 Liter	Straße 17 Liter
Kraftstofftank	45 Liter (im Motorraum)	45 Liter (im Motorraum)	45 Liter (im Motorraum)
Fahrbereich	Straße 280 km	Straße 280 km	Straße 260 km

Mittl. Kübel-Pkw (4 x 2) Mercedes-Benz Typ 290 1934-1935	Mittl. Kübel-Pkw (4 x 2) Mercedes-Benz Typ 290 1936-1937	Mittl. Kübel-Pkw (4 x 2) Mercedes-Benz Typ 320 WK 1936-1939	Mittl. Kübel-Pkw (4 x 2) Mercedes-Benz Typ 340 WK 1939-1940
Daimler-Benz M 18	Daimler-Benz M 18 II	Daimler-Benz M 142 1	Daimler-Benz M 142 II
6 (Reihe)	6 (Reihe)	6 (Reihe)	6 (Reihe)
78 x 100 mm	78 x 100 mm	82,5 x100 mm	85 x 100 mm
2867 (Steuer 2847) ccm	2867 (Steuer 2847) ccm	3208 (Steuer 3185) ccm	3405 ccm
60 PS bei 3200 U/min	68 PS bei 3200 U/min	78 PS bei 4000 U/min	80 PS bei 4000 U/min
		22,2 mkg bei 1700 U/min	22,6 mkg bei 1800 U/min
1:6	1 :6,6	1:6,5	1:6
1 Solex 35 BFLVS	1 Solex 35 BFVLS	1 Doppel-Fallstromvergaser Solex 32 JFF	1 Doppel-Fallstromvergaser Solex 32 JFF
Stehend seitlich	Stehend seitlich	Stehend seitlich	Stehend seitlich
Seitliche Nockenwelle	Seitliche Nockenwelle	Seitliche Nockenwelle	Seitliche Nockenwelle
Antrieb durch Stirnräder	Antrieb durch Stirnräder	Antrieb durch Stirnräder	Antrieb durch Stirnräder
7	7	7	7
Pumpe, 19 Liter Wasser	Pumpe, 19 Liter Wasser	Pumpe, 13 Liter Wasser	Pumpe, 13 Liter Wasser
Druckumlauf, 8 Liter Öl	Druckumlauf, 8 Liter Öl	Druckumlauf, 8 Liter Öl	Druckumlauf, 8 Liter Öl
12 V 50 Ah	12 V50 Ah	12 V 62,5 Ah	12 V 62,5 Ah
90 W	90 W	130 W	130 W
1,4 PS	1,4 PS	1,4 PS	1,4 PS
Antrieb auf Hinterräder	Antrieb auf Hinterräder	Antrieb auf Hinterräder	Antrieb auf Hinterräder
Einscheibentrockenkupplung	Einscheibentrockenkupplung	Einscheibentrockenkupplung	Einscheibentrockenkupplung
Schalthebel Wagenmitte	Schalthebel Wagenmitte	Schalthebel Wagenmitte	Schalthebel Wagenmitte
4 Gang	4 Gang	4 Gang ZF AKS-20	4 Gang ZF AKS-20
III-IV	III-IV	I-IV	I-IV
I. 3,60	I. 4,35	I. 4,00	I. 4,00
II. 1,75	II. 2,27	II. 2,25	II. 2,25
III. 1,00	III. 1,41	III. 1,50	III. 1,50
IV. 0,75	IV. 1,00	IV. 1,00	IV. 1,00
6,12	6,12	4,33	4,33
Kastenprofil-Rahmen	Kastenprofil-Rahmen	Kastenprofil-Rahmen	Kastenprofil-Rahmen
1 Querfeder, Querlenker, Schraubenfedern	1 Querfeder, Querlenker, Schraubenfedern	1 Querfeder, Querlenker, Schraubenfedern	1 Querfeder, Querlenker, Schraubenfedern
Pendelachse	Pendelachse	Pendelachse	Pendelachse
Doppel-Schraubenfedern	Doppel-Schraubenfedern	Doppel-Schraubenfedern	Doppel-Schraubenfedern
Schraubenspindel	Schraubenspindel	Schraubenspindel ZF-Roß	Schraubenspindel ZF-Roß
Hydraulisch, 4 Räder	Hydraulisch, 4 Räder	Hydraulisch, 4 Räder	Hydraulisch, 4 Räder
Mechanisch, Hinterräder	Mechanisch, Hinterräder	Mechanisch, Hinterräder	Mechanisch, Hinterräder
Zentral	Zentral	Zentral	Zentral
2880 mm	2880 mm	2880 mm	3300 mm
1440/1476 mm	1475/1494 mm	1475/1494 mm	1475/1494 mm
4450 x 1730 x 1660 mm	4480 x 1780 x 1665 mm	4555 x 1810 x 1715mm	5265 x 1810 x 1745 mm
Scheiben	Scheiben	Scheiben	Scheiben
6,00-17 Gelände	6,00-17 Gelände	6,50-20 Gelände	6,50-20 Gelände
240 mm	245 mm	245 mm	245 mm
11 Meter	11 Meter	11 Meter	12,4 Meter
1500 kg	1470 kg	1710 kg	1920 kg
1950 kg	1920 kg	2320 kg	2520 kg
450 kg	450 kg	610 kg	600 kg
1 + 3 Mann	1 + 3 Mann	1 + 3 Mann	1 + 3 bis 5 Mann
98 km/h	100 km/h	118 km/h	118 km/h
Straße 16 Liter	Straße 16 Liter	Straße 17 Liter	Straße 18 Liter
80 Liter	80 Liter	140 Liter	140 Liter
Straße 500 km	Straße 500 km	Straße 800 km	Straße 700 km
Kleine Serie mit langem Radstand (3300 mm) geliefert			

1928 begannen die Versuche der Reichswehr, das Automobil auch für Gefechtszwecke brauchbar und nutzbar zu machen. Das Bild zeigt einen der ersten Kübelwagen, wobei das Fahrgestell des Adler Favorit verwendet wurde.

Mittl. Kübelsitzwagen Adler Typ 12 N-RW (abgeleitet vom Adler Standard 6), Baujahr 1932-1933.

Mittl. Kübelsitzwagen Adler Typ 12 N - 3 G, Baujahr 1933-1935. Das Foto entstand bei der 4./A.R.73 bei einer Übung im Sommer 1937.

	Mittl. Kübel-Pkw (4 x 2) Adler Typ 12 N-RW 1932-1933	Mittl. Kübel-Pkw (4 x2) Adler Typ 12 N-3G 1933-1935	Mittl. Kübel-Pkw (4 x 2) Adler Typ 3 Gd 1936-1940
Motor	Adler Typ 12 N	Adler Typ 3 G	
Zylinderzahl	6 (Reihe)	6 (Reihe)	
BohrungxHub	75 x 110 mm	75 x 110 mm	
Hubraum	2916 (Steuer 2895) ccm	2916 (Steuer 2895) ccm	
Leistung	50 PS bei 3000 U/min	60 PS bei 3300 U/min	
Drehmoment	15 mkg bei 1000 U/min		
Verdichtung	1:5,3	1:5,5	
Vergaser	1 Flachstromvergaser Pallas SAD III U	1 Fallstromvergaser Solex 35 JF	
Ventile	Seitlich stehend Seitliche Nockenwelle Antrieb durch Zahnkette	Seitlich stehend Seitliche Nockenwelle Antrieb durch Zahnkette	
Kurbelwellenlager	7	4	
Kühlung	Pumpe, 20 Liter Wasser	Pumpe, 20 Liter Wasser bzw. (ab Fahrg.Nr. 116027) Pumpe, 15 Liter Wasser	
Schmierung	Druckumlauf, 7 Liter Öl	Druckumlauf, 7 Liter Öl	
Batterie	6 V 140 Ah	12 V 90 Ah	
Lichtmaschine	90 W	90 W	
Anlasser	0,8 PS	0,8 PS	
Kraftübertragung	Antrieb auf Hinterräder	Antrieb auf Hinterräder	
Kupplung	Einscheibentrockenkupplung	Einscheibentrockenkupplung	
Schaltung	Schalthebel Wagenmitte	Schalthebel Wagenmitte	
Getriebe	3 Gang Adler	4 Gang ZF-Aphon	
Synchronisierung	Ohne	II-IV	
Übersetzungen	I. 3,16 II. 1,80 III. 1,00	I. 4,10 II. 2,63 III. 1,48 IV. 1,00	
Antriebs-Übersetzung	6,10	5,88	
Fahrwerk	U-Profil-Preßstahl-Rahmen		Kastenprofil-Rahmen
Vorderradaufhängung	Starrachse, Halbfedern		achslos, 2 Querfedern
Hinterradaufhängung	Starrachse, Halbfedern		Starrachse, Halbfedern
Lenkung	Schnecke links		Schnecke links
Fußbremse	Hydraulisch, 4 Räder		Hydraulisch, 4 Räder
Handbremse	Mechanisch, Getriebe		Mechanisch, Hinterräder
Schmierung	Zentral		Zentral
Allgemeine Daten			
Radstand	2840 mm		3355 mm
Spur vorn/hinten	1440 mm		1460 mm
Gesamtmaße	4200 x 1700 x 1500 mm (ohne Verdeck)		4800 x 1800 x 2000 mm (mit Verdeck)
Wendekreis-ø	12,8 Meter		13 Meter
Reifen	6,00-20 Gelände		6,00/6,50-20 Gelände
Fahrgestellgewicht	1150 kg		1150 kg
Wagengewicht	1850 kg		1850 kg
Zuläss. Gesamtgewicht	2200 kg		2210 kg
Höchstgeschwindigkeit	75 km/h		80 km/h
Verbrauch/100 km	Straße 17 Liter		Straße 17 Liter
Kraftstofftank	70 Liter (im Heck)		85 Liter (im Heck)
Fahrbereich	Straße 410 km		Straße 500 km

Kübelsitzwagen Adler Typ 3 Gd (1938-1940) mit einer 3,7 cm Pak am Zughaken.

Kübelwagen Adler Typ 3 Gd bei der 10. Pz. Div. (3./Panzer]äger-Abt. 90): Wintereinbruch 1941 kurz vor Moskau. Ogfr. Heinrich Hax kam zurück, der Adler nicht mehr.

Adler-Standartenwagen der II. Abteilung des 40. Artillerieregiments im Jahr 1937. (© Brück & Sohn Kunstverlag).

Phänomen Granit Kübelwagen mit luftgekühltem 2,5 Liter Vierzylinder-Motor (1934-1935). Der Kübelwagen besaß das gleiche Fahrgestell wie der (viel häufigere) Phänomen Krankenwagen. Der Granit 25 H war rauh, aber robust und dazu außergewöhnlich tragfähig.

Phänomen Granit Kübelsitzwagen bei der Dreitage-Mittelgebirgsfahrt 1935.

Phänomen Granit Kübelsitzwagen (Fahrer: Gefr. Breher) bei der 7. Pz. Div. in Rußland 1941.

Hervorragend bewährte sich der Wanderer W11 Kübelwagen. Auch hier gab es zwei Serien. Der Wanderer W 11 mit 10/50 PS 2,5 Liter-Motor wurde von 1933 bis 1936 geliefert. Sein äußeres Merkmal waren die geschweiften Kotflügel. Den Wanderer W 11 mit 12/60 PS 3 Liter-Motor, mit Türen und runden Kotflügeln gab es von 1937 bis 1941. Die drei oberen Bilder zeigen die ältere Ausführung, die beiden Bilder links die neuere Ausführung, und zwar (mit offenem Dach) 1937 in Ulm sowie (mit geschlossenem Dach) im November 1941 am Ostrand der russischen Stadt Kalinin.

	Mittl. Kübel-Pkw (4 x 2) Wanderer W 11 (2,5 Liter) 1933-1936	Mittl. Kübel-Pkw (4 x 2) Wanderer W 11 (3 Liter) 1937-1941	Mittl. Kübel-Pkw (4 x 2) Wanderer W 23 S (2,7 Liter) 1937-1939
	Ab Fahrgestell-Nr. 25350	Ab Fahrgestell-Nr. 26893	Ab Fahrgestell-Nr. 210001
Motor	Wanderer 2,5 Liter	Wanderer 3 Liter	Wanderer W 23
Zylinderzahl	6 (Reihe)	6 (Reihe)	6 (Reihe)
Bohrung x Hub	72 x 104 mm	75 x 112 mm	75 x 100 mm
Hubraum	2540 (Steuer 2523)ccm	2979 (Steuer 2948) ccm	2651 (Steuer 2632) ccm
Leistung	50 PS bei 3000 U/min	60 PS bei 3000 U/min	62 PS bei 3500 U/min
Drehmoment	14,2 mkg bei 2000 U/min		
Verdichtung	1:5,3	1:5,6	1:6,2
Vergaser	1 Steigstromvergaser	1 Steigstromvergaser	1 Flachstromvergaser
	1 Solex 35 BFRV	Solex 35 BFRV	Solex 35BFRH
Ventile	Hängend	Hängend	Seitlich stehend
	Seitliche Nockenwelle	Seitliche Nockenwelle	Seitliche Nockenwelle
	Antrieb durch Zahnkette	Antrieb durch Zahnkette	Antrieb Duplex-Rollenkette
Kurbelwellenlager	7	7	4
Kühlung	Pumpe, 11,5 Liter Wasser	Pumpe, 11,5 Liter Wasser	Pumpe, 12,3 Liter Wasser
Schmierung	Druckumlauf, 8 Liter Öl	Druckumlauf, 10 Liter Öl	Druckumlauf, 6 Liter Öl
Batterie	12 V 45 Ah	12 V 45 Ah	12 V 50 Ah
Lichtmaschine	90 W	90 W	130 W
Anlasser	1,2 PS	1,2 PS	1,0 PS
Kraftübertragung	Antrieb auf Hinterräder	Antrieb auf Hinterräder	Antrieb auf Hinterräder
Kupplung	Einscheibentrockenkupplung	Einscheibentrockenkupplung	Einscheibentrockenkupplung
Schaltung	Schalthebel Wagenmitte	Schalthebel Wagenmitte	Schalthebel Wagenmitte
Getriebe	4 Gang (Prometheus AGN 8)	4 Gang (Prometheus AGN 8)	4 Gang
Synchronisierung	Ohne	Ohne	II-IV
Übersetzungen	I. 4,52 (ZF-Aphon 4,60)	I. 4,52	I. 4,35
	II. 2,61 (ZF-Aphon 2,20)	II. 2,61	II. 2,54
	III. 1,49 (ZF-Aphon 1,48)	III. 1,49	III. 1,66
	IV. 1,00 (ZF-Aphon 1,00)	IV. 1,00	IV. 1,00
Antriebs-Übersetzung	6,11 oder 6,125 oder 6,143 z.T. Selbstsperrdifferential	6,11 oder 6,125 oder 6,143 z.T. Selbstsperrdifferential	5,286
Fahrwerk	U-Profil-Preßstahl-Rahmen	U-Profil-Preßstahl-Rahmen	Kastenprofil-Preßstahl-Rahmen
Vorderradaufhängung	Starrachse, Halbfedern	Starrachse, Halbfedern	Querlenker, 1 Querfeder
Hinterradaufhängung	Starrachse, Halbfedern	Starrachse, Halbfedern	Starrachse, Halbfedern
Lenkung	Schnecke (ZF-Roß)	Schnecke (ZF-Roß)	Schnecke (ZF-Roß)
Fußbremse	Hydraulisch, 4 Räder	Hydraulisch, 4 Räder	Hydraulisch, 4 Räder
Handbremse	Seilzug, Hinterräder	Seilzug, Hinterräder	Seilzug, Hinterräder
Schmierung	Zentral	Zentral	Zentral
Allgemeine Daten			
Radstand	3000 mm	3000 mm	3100 mm
Spur vorn/hinten	1420/1420 mm	1420/1420 mm	1420/1450 mm
Gesamtmaße (mit Verdeck)	4800 x 1780 x1950 mm	4850 x 1830 x1960 mm	5000 x 1800 x 2000 mm
Reifen	6,00-20 Gelände	6,00-20 Gelände	6,50-20 Gelände
Bodenfreiheit	230 mm	265 mm	270 mm
Watfähigkeit	550 mm	550 mm	400 mm
Spurkreis-ø	14 Meter	14 Meter	13 Meter
Fahrzeuggewicht	1630 kg	1760 kg	1650 kg
Zuläss. Gesamtgewicht	2080 kg	2350 kg	2300 kg
Nutzlast	450 kg	590 kg	650 kg
Besatzung	1 + 3 Mann	1 + 3 Mann	1 + 3 Mann
Höchstgeschwindigkeit	80 km/h	85 km/h	90 km/h
Verbrauch/100 km	Straße 17 Liter	Straße 17 Liter	Straße 17 Liter
Kraftstofftank	52 Liter (im Motorraum)	52 Liter (im Motorraum) Ab Fahrgestell-Nr. 29874: 70 Liter (im Heck)	70 Liter (im Heck)
Fahrbereich	Straße 300 km	Straße 300 bzw. 410 km	Straße 410 km

Mittl. Kübelsitzwagen Wanderer W 23 S (1937-1939). Im Gegensatz zum handelsüblichen Serienmodell besaß er eine starre Hinterachse, war aber dennoch weniger geländetüchtig als der Wanderer W 11.

Vom Stoewer M 12 Kübelwagen besaß die Wehrmacht nur einige hundert Stück. Ihre Geländetüchtigkeit galt nicht als überragend, und die Kühlung war zu knapp ausgelegt. Dennoch genoß das Auto wegen seines Dreiliter Achtzylinder-Motors ein großes Ansehen, weshalb es vor dem Krieg gern als Wagen des Chefs oder des Kommandeurs eingeteilt war. Nach 1941 freilich waren die Stoewer M 12 verschwunden. Den Krieg hat, soweit bekannt, nur ein einziges Exemplar überlebt, und dieses wohl nur, weil es im Protektorat Böhmen-Mähren einen relativ friedlichen Dienst zu verrichten hatte. Das Foto links unten entstand 1939 beim Einmarsch in Polen.

Erster Prototyp des berühmten Horch Kübelwagens: Horch 830 (Modell 1933).

Horch 830 R Kübelwagen 1934. Anfangs wurden einige Dutzend oder vielleicht auch einige hundert Stück – wer weiß es genau? – des Horch Kübelwagens ohne Gerätekasten am Heck gebaut. Die Aufbauten des Horch Kübelwagens stammten großenteils (oder alle?) von der Firma Gläser.

Horch 830 R als Funkwagen Kfz. 17. In den Jahren 1936/37 baute die Firma Gläser (Dresden) einige hundert Stück dieses Modells.

Horch 830 mit V8-Motor im Dienst der Wehrmacht 1941 in Rumänien. (Bundesarchiv B 145 Bild-F016198-13, Boehmer, © CC-BY-SA-3.0).

Horch 830-Kübelwagen im Oktober 1941 in Russland mit von Stroh bedeckter Motorhaube. (Bundesarchiv Bild 101I-268-0176-17, Böhmer, © CC-BY-SA-3.0).

Horch Typ 830 R Kübelwagen 1934-1937.

	Mittl. Kübel-Pkw (4 x 2) Horch Typ 830 R 1934-1937	
Motor	**1934**	**1934-1937**
Zylinderzahl	V8 (60°-V-Form)	V8 (60°-V-Form)
Bohrung x Hub	75 x 85 mm	78 x 85 mm
Hubraum	3004 (Steuer 2984) ccm	3250 (Steuer 3227) ccm
Leistung	62 PS bei 3200 U/min	70 PS bei 3200 U/min
Drehmoment	18 mkg bei 1800 U/min	19 mkg bei 1800 U/min
Verdichtung	1:6,0	1:6,3
Vergaser	1 Doppel-Fallstromvergaser Solex 30 JFPP	
Ventile	Waagrecht liegend	
	Zentrale Nockenwelle	
	Antrieb durch Duplex-Rollenkette	
Kurbelwellenlager	3	
Kühlung	Pumpe, 21 Liter Wasser	
Schmierung	Druckumlauf, 8 Liter Öl	
Batterie	Kübelwagen: 12 V 60 Ah /(unter Vordersitz)	
	Funkwagen: 12 V 105 Ah (unter Vordersitz)	
Lichtmaschine	90 oder 100 W. Funkwagen: 150 W	
Anlasser	1,2, 1,4 oder 1,8 PS	
Kraftübertragung	Antrieb auf Hinterräder	
	Selbstsperrendes Differential	
Kupplung	Einscheibentrockenkupplung	
Schaltung	Schalthebel Wagenmitte	
Getriebe	4 Gang ZF-Aphon Gb 25 (II. - IV. Gang synchronisiert)	
	I. 4,85, II. 2,35, III. 1,41, IV. 1,00	
	oder 4 Gang Prometheus AGN 8 (nicht synchronisiert)	
	I. 4,52, II. 2,62, III. 1,49, IV. 1,00	
Antriebs-Übersetzung	4,90 (49:10)	
Fahrwerk	Kastenprofil-Preßstahl-Rahmen	
Vorderradaufhängung	Starrachse, Halbfedern	
Hinterradaufhängung	Starrachse, Halbfedern	
Lenkung	Schnecke ZF-Roß	
	3,25 Lenkraddrehungen	
Fußbremse	Hydraulisch, 4 Räder, Trommel-0 400 mm	
Handbremse	Mechanisch (Seilzug), Hinterräder	
Schmierung	Zentral	
Allgemeine Daten		
Radstand	3200 mm	
Spur vorn/hinten	1456/1516 mm	
Gesamtmaße	Kübelwagen: 4750 x 1780 x 1850 mm	
	Funkwagen: 4750 x 1800 x 1950 mm	
Räder	Scheiben	
Reifen	6,00 oder 6,50-20 Gelände	
Wendekreis-ø	14 Meter	
Fahrzeuggewicht	Kübelwagen 1820 kg, Funkwagen 2350 kg	
Zuläss. Gesamtgewicht	Kübelwagen 2200 kg, Funkwagen 2700 kg	
Nutzlast	Kübelwagen 380 kg, Funkwagen 350 kg	
Höchstgeschwindigkeit	110 km/h	
Verbrauch/100 km	Straße 20 Liter	
Kraftstofftank	75 Liter (im Heck)	
Fahrbereich	Straße 375 km	

Horch 8 Typ 40 Geländewagen, Prototyp 1926.

Selve Typ M (Lizenz Voran) Geländewagen, Prototyp 1926.

Mercedes-Benz Typ G 1 Geländewagen, Prototyp 1926.

	s.gg.Pkw. (6 x 4) Horch 8 Typ 40 1926-1928	s.gg.Pkw. (6 x 6) Selve Typ M (Lizenz Voran) 1926-1929	s.gg.Pkw. (6 x 4) Mercedes-Benz Typ G 1 1926-1928	s.gg.Pkw. (4 x 4) Horch Typ 70 (1932) Horch Typ 740 (1934)
Motor	Horch 3,5 Liter	SelveS 6/12	Daimler-Benz M 03	Horch 5 Liter
Zylinderzahl	8 (Reihe)	6 (Reihe)	6 (Reihe)	8 (Reihe)
BohrungxHub	67,5 x 118 mm	74 x 120 mm	76 x 110 mm	87 x 104 mm
Hubraum	3378 (Steuer 3355) ccm	3096 ccm	3079 ccm	4944 (Steuer 4911)ccm
Leistung	65 PS bei 3000 U/min	53 PS bei 3000 U/min	50 PS bei 3000 U/min	100 PS bei 3600 U/min
Drehmoment		13 mkg bei 1300 U/min	15,4 mkg bei 1320 U/min	
Verdichtung	1:5,6	1:5,0	1:5,0	1:5,2
Vergaser	1 Flachstromvergaser Solex 40 MOV	1 Flachstromvergaser Solex 35 MOV	1 Flachstromvergaser Zenith 36	1 Doppel-Fallstromvergaser Solex 32 JFPP
Ventile	Hängend 2 obenliegende Nockenwellen Antrieb durch Königswelle	Seitlich stehend Seitliche Nockenwelle Antrieb durch Zahnkette	Seitlich stehend Seitliche Nockenwelle Antrieb durch Stirnräder	Hängend 1 obenliegende Nockenwelle Antrieb durch Königswelle
Kurbelwellenlager	5	7	7	10
Kühlung	Pumpe, 30 Liter Wasser	Pumpe, Wasser	Pumpe, Wasser	Pumpe, 28 Liter Wasser
Schmierung	Druckumlauf, 14 Liter Öl	Druckumlauf	Druckumlauf, 8 Liter Öl	Druckumlauf, 10 Liter Öl
Batterie	12 V60 Ah (auf Trittbrett links)	12 V60 Ah	12 V40 Ah	2x 6 V 75 Ah
Lichtmaschine	100 W	90 W	80 W	130 W
Anlasser	1,2 PS	1,2 PS	1,2 PS	1,4 PS
Kraftübertragung	Antrieb auf 4 Hinterräder 2 Sperrdifferentiale	Antrieb auf alle 6 Räder Antrieb der Vorderachse und der beiden Hinterachsen mittels Vorgelege wahlweise abschaltbar	Antrieb auf 4 Hinterräder	Antrieb auf alle 4 Räder 2 Sperrdifferentiale
Kupplung	Lamellentrockenkupplung	Einscheibentrockenkupplung	Mehrscheibentrockenkupplung	Einscheibentrockenkupplung
Schaltung	2 Schalthebel Mitte	2 Schalthebel Mitte	Schalthebel Mitte	2 Schalthebel Mitte
Getriebe	4 Gang + Vorgelege	4 Gang + Vorgelege	5 Gang	4 Gang + Vorgelege
Übersetzungen		I. 4,09 – II. 2,62 – III. 1,64 IV. 1,00 – Vorgelege 3,00	I. 4,50 – II. 2,80 – III. 1,90 IV. 1,50 – V. 1,00	
Antriebs-Übersetzung		6,25	6,30	
Fahrwerk	Kastenprofil-Rahmen	U-Profil-Preßstahl-Rahmen	U-Profil-Preßstahl-Rahmen	Kastenprofil-Rahmen
Vorderradaufhängung	Starrachse, Halbfedern	Pendel-Schwingachse 4 Viertelfedern quer	Starrachse, Halbfedern	Starrachse, Halbfedern
Hinterradaufhängung	2 Starrachsen je 1 Halbfeder für 2 Räder	2 Pendel-Schwingachsen je 1 Halbfeder für 2 Räder	2 Starrachsen je 1 Halbfeder für 2 Räder	Starrachse, Halbfedern
Lenkung	Spindel	Spindel	Spindel	Schnecke
Fußbremse	Mechanisch, 4 Hinterräder	Mechanisch, Vorderräder und vordere Hinterräder	Mechanisch, 6 Räder	Hydraulisch mit Saugluftunterstützung, 4 Räder
Handbremse	Mechanisch, 4 Hinterräder	Mechanisch, hintere Hinterräder	Mechanisch, vordere Hinterräder	Mechanisch, Hinterräder
Schmierung	Nippel	Nippel		Zentral
Allgemeine Daten				
Radstand	2300 + 870 mm	2535 + 950 mm	Sowohl 2365 + 950 als auch 2353 + 985 mm	3470 mm
Spur vorn/hinten	1410/1575/1575 mm	1500/1650/1650 mm	1600/1600/1600 mm	1450/1930 mm
Gesamtmaße	4700 x 2000 x 2100 mm	4700 x 1860 x 2100 mm	4700 x 2040 x 2100 mm	5100 x 2100 x 2150 mm
Reifen	32 x 6,00 4 Zwillings-Hinterräder	33 x 6,20 4 Zwillings-Hinterräder	775 x 145 4 Zwillings-Hinterräder	6,00-18 Zwillings-Hinterräder
Bodenfreiheit		235 mm	232 mm	
Watfähigkeit		600 mm		
Wendekreis-ø	14 Meter		15,8 Meter	17 Meter
Fahrzeuggewicht	2680 kg	2685 kg	2400 kg	2800 kg
Zuläss. Gesamtgewicht		3300 kg	3200 kg	3400 kg
Nutzlast		615 kg	800 kg	600 kg
Besatzung	1 + 7 Mann	1 + 7 Mann	1 + 7 Mann	1 + 3 Mann
Höchstgeschwindigkeit	70 km/h	67 km/h	60 km/h	60 km/h
Verbrauch/100 km	Straße 26, Gelände 33 Liter	Straße 24, Gelände 30 Liter	Straße 24, Gelände 30 Liter	Straße 28, Gelände 38 Liter
Kraftstofftank	90 Liter (im Heck)	115 Liter (im Heck)	120 Liter (im Heck)	100 Liter (im Heck)
Fahrbereich	Straße 340, Gelände 270 km	Straße 470, Gelände 380 km	Straße 500, Gelände 400 km	Straße 350, Gelände 260 km

Horch 8 Typ 40 Geländewagen 1926-1928. Eine Einheit der Reichswehr besucht im Mai 1930 die Dornier-Werft Friedrichshafen.

Beobachtungs-Abteilung 5 in der Ulmer Kaserne (April 1936) Ganz vorn: Horch Typ 740, Kfz. 21 des Kommandeurs.

Schwerer geländegängiger Pkw Kfz. 21 Horch Typ 770 (1932).

Schwerer geländegängiger Pkw Kfz. 21 Horch Typ 740 (1934).

Mercedes-Benz Typ G 4 Modell 1934-1937.

Bild oben:
Hitler im Sudetenland (Oktober 1938).

		s.gl.Pkw. (6 x 4) Mercedes-Benz Typ G 4 1934-1939	
	1934-1935	**1934-1937**	**1938-1939**
Motor	Daimler-Benz M 24	Daimler-Benz M 124	Daimler-Benz M 24 II
Zylinderzahl	8 (Reihe)	8 (Reihe)	8 (Reihe)
Bohrung x Hub	86 x 108 mm	88 x 108 mm	88 x 111 mm
Hubraum	5018 (Steuer 4982) ccm	5252 ccm	5401 (Steuer 5353) ccm
Leistung	100 PS bei 3400 U/min	115 PS bei 3400 U/min	HOPS bei 3400 U/min
Drehmoment	28,8 mkg bei 1400 U/min	29 mkg bei 1400 U/min	
Verdichtung	1:5,6	1:5,6	1:5,2
Vergaser	1 Doppelvergaser Solex 40MMDVS	1 Doppelvergaser Solex 40MMDVS	1 Doppelvergaser Mercedes-Benz
Ventile	Hängend Seitliche Nockenwelle Antrieb durch Stirnräder	Hängend Seitliche Nockenwelle Antrieb durch Stirnräder	Hängend Seitliche Nockenwelle Antrieb durch Stirnräder
Kurbelwellenlager	9	9	9
Kühlung	Pumpe, 26 Liter Wasser	Pumpe, 26 Liter Wasser	Pumpe, 26 Liter Wasser
Schmierung	Druckumlauf, 10 Liter Öl	Druckumlauf, 10 Liter Öl	Druckumlauf, 10 Liter Öl
Batterie	12 V 60 Ah	12 V 105 Ah	12 V 105 Ah
Lichtmaschine	130 W	130 W	130 W
Anlasser	1.5 PS	1,8 PS	1,8 PS
Kraftübertragung		Antrieb auf 2 Hinterachsen, 2 Sperrdifferentiale	
Kupplung		Einscheibentrockenkupplung	
Getriebe		4 Gang ZF-Aphon G 35 + Vorgelege (Mercedes-Benz)	
Schaltung		2 Schalthebel Wagenmitte	
Synchronisierung		Ohne	
Übersetzungen		I. 4,10, II. 2,21, III. 1,49, IV. 1,00 Vorgelege: Straße 1,0, Gelände 3,06	
Antriebs-Übersetzung			
Fahrwerk		Kastenprofil-Rahmen	
Vorderradaufhängung		Starrachse, Halbfedern	
Hinterradaufhängung		2 Starrachsen, beiderseits je 1 Halbfeder für 2 Räder	
Lenkung		Schraubenspindel	
Fußbremse		Hydraulisch, 4 Räder, z. T. mit Bosch-Dewandre Saugluftunterstützung	
Handbremse		Mechanisch, vordere Hinterräder	
Allgemeine Daten			
Radstand		3100 + 950 mm	
Spur vorn/hinten		1620/1570/1570 mm	
Gesamtmaße		5360x1870x1900 mm (mit Verdeck)	
Räder		Stahlscheiben mit Tiefbettfelgen L 4,00 Fx17 bzw. bei Verwendung beschußsicherer Reifen) 6,00 Fx17	
Reifen		7,5-17 Gelände (normal oder beschußsicher) Alle 6 Räder einfachbereift	
Bodenfreiheit		233 mm	
Spurkreis-ø		16 Meter	
Wendekreis-ø		17 Meter	
Fahrzeuggewicht		3550 kg	
Zuläss. Gesamtgewicht		4400 kg	
Nutzlast		850 kg	
Besatzung		1 + 6 Mann	
Höchstgeschwindigkeit		67 km/h	
Verbrauch/100 km		Straße 28, Gelände 38 Liter	
Kraftstofftank		140 Liter	
Fahrbereich		Straße 500, Gelände 360 km	

Im Krieg benutzte Hitler eine etwas modernisierte und leistungsstärkere Version des Mercedes-Benz Typ G 4. Soweit bekannt, haben nur drei G 4 den Krieg überlebt. Einer davon befindet sich fahrbereit und in erstklassigem Zustand im Privatbesitz eines französischen Sammlers. (Der auf dem Obersalzberg stationiert gewesene Wagen war 1945 von französischen Truppen erbeutet worden).

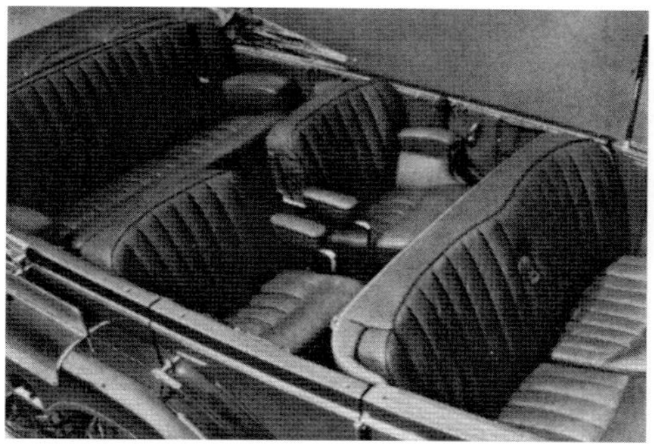

Hitler, Mussolini und Hossbach während eines Wehrmachtmanövers 1937 in einem Mercedes-Benz G 4. Dieser 3-achsige Geländewagen war 1934 für die Wehrmacht entwickelt worden. (Bundesarchiv Bild 136-B3542, © CC-BY-SA-3.0).

Zum Fahrzeugpark der Deutschen Reichspost gehörte der Mercedes-Benz Typ G 4 als Nachrichtenwagen. Eine hohe Antenne konnte auf das Dach des Fahrzeugs montiert werden.

Eine andere Sonderausführung des Mercedes-Benz Typ G 4 war der sogenannte »Partisanenwagen«, wohl dazu bestimmt, die Fahrzeugkolonnen höchster NS-Führer gegen Partisanen- oder Tieffliegerangriffe zu schützen.

Bei diesem Mercedes-Benz Typ G 4 handelt es sich um die gepanzerte Ausführung, von der nur einige wenige Exemplare existierten. Diese wurden offenbar zwar selten, dafür aber ausschließlich von Hitler benutzt.

Auf der Wiener Frühjahrsmesse 1940 zeigte die Krupp Lastwagenfabrik ein Cabriolet (Karosserie Hebmüller) auf dem Sechsradfahrgestell des Geländewagens L 2 H 143 (»Krupp-Protze«). Es wurden wohl nur wenige Exemplare dieses Modells hergestellt und höheren Befehlshabern überlassen. Generäle unter sich bezeichneten Automobile dieser Art als »Plutokratenkübel«. Das Bild unten zeigt das Ende eines Plutokratenkübels, der offenbar auf eine Mine gelaufen war. Im Gegensatz zu dem in Wien ausgestellten Wagen besaß dieses Fahrzeug die für die Krupp-Protze typische abfallende Motorhaube.

Steyr Typ 640 Kommandanten-Wagen 1939-1941.

Tatra T 82 Geländewagen 1935-1937.

Tatra T 93 Geländewagen 1939-1940.

Skoda 3 Liter Geländewagen 1941-1942.

Praga AV Geländewagen 1936-1939.

Horch 830 B Pullman-Limousine 1934/35.

In den dreißiger Jahren gab es als schwere Pkw bei der Wehrmacht fast ausschließlich handelsübliche Fahrzeuge, zumal sie damals ohnehin nur für Generäle vorgesehen waren. Das Werkfoto oben zeigt einen Horch 4,5 Liter von etwa 1934, feldgraumatt gespritzt und mit einem anderen Trittbrett als bei der normalen Pullman-Limousine. Möglicherweise befinden sich dort Werkzeugschubladen. Als die Wehrmacht größer wurde und ebenso die Zahl der Generäle, blieben die ganz großen Wagen den höheren Befehlshabern vorbehalten. Divisionskommandeure und entsprechende Ränge erhielten Dienstwagen der 3,5 Liter-Klasse.

Mercedes-Benz Typ 290 (1935-1937), Karosserie Erdmann & Rossi.

Leichter Stoewer-Einheits-Pkw 1941 in Russland. Er wurde von 1936–1942 hergestellt, war aber kein Erfolg. (Bundesarchiv Bild 101I-186-0199-07A, Springmann, © CC-BY-SA-3.0).

le. gl. Einheits-Pkw. Kfz. 3 (Fabrikat BMW).

	le.gl.Einh.Pkw. (4 x 4) Stoewer R 180 Spezial 1936-1938	le.gl.Einh.Pkw. (4 x 4) Stoewer R 200 Spezial 1938-1940 Typ 40 1940-1943	le.gl.Einh.Pkw. (4 x 4) BMW Typ 325 1937-1940	le.gl.Einh.Pkw. (4 x 4) Hanomag Typ 20 B 1937-1940
Motor	Stoewer R 180 W	Stoewer AW 2	BMW 325	Hanomag 20 B
Zylinderzahl	4 (Reihe)	4 (Reihe)	6 (Reihe)	4 (Reihe)
Bohrung x Hub	80 x 88 mm	85 x 88 mm	66 x 96 mm	80 x 90 mm
Hubraum	1757 ccm	1997 ccm	1957 ccm	1991 ccm
Leistung	42 PS bei 3600 U/min	50 PS bei 3600 U/min	50 PS bei 3750 U/min	50 PS bei 3500 U/min
Verdichtung	1:6,35	1:5,8	1:6	1:6
Vergaser	1 Solex 30 BFRV	1 Solex 35 BFLV	2 Solex 26 BFLV oder 1 Solex 30 BFLV	1 Solex 35 BFLV
Ventile	Hängend Seitliche Nockenwelle Dreifach-Rollenkette	Hängend Seitliche Nockenwelle Dreifach-Rollenkette	Hängend Seitliche Nockenwelle Duplex-Kette	Hängend Seitliche Nockenwelle Stirnräder
Kurbelwellenlager	3 Auswechselbare Zylinderbüchsen	3	4	3 Auswechselbare Zylinderbüchsen
Kühlung	Wasser/Pumpe	Wasser/Pumpe	Wasser/Pumpe	Wasser/Pumpe
Batterie	12 V 50 Ah	12 V 50 Ah bzw. (bei Funkausrüstung) 90 Ah	12 V 50 Ah bzw. (bei Funkausrüstung) 90 Ah	12 V 50 Ah bzw. (bei Funkausrüstung) 90 Ah
Lichtmaschine	130 W	130 W	190 W	130 W
Anlasser	1,2, später 1,4 PS	1,4 PS	1,4 PS	1,4 PS

Kraftübertragung	Allrad-Antrieb (nicht abschaltbar), 3 Sperrdifferentiale
Kupplung	Einscheibentrockenkupplung
Schaltung	Schalthebel Wagenmitte
Getriebe	5 Gang
Übersetzungen	Gelände 9,12, I. 5,01, II. 2,86, III. 1,69, IV. 1,00 Zwischengetriebe 1,358
Antriebs-Übersetzung	4,84
Fahrwerk	Kastenprofil-Rahmen, Ganzstahlkarosserie
Vorderradaufhängung	Doppel-Querlenker, je 2 Schraubenfedern pro Rad
Hinterradaufhängung	Doppel-Querlenker, je 2 Schraubenfedern pro Rad
Lenkung	Vierrad-Spindellenkung, abschaltbare Hinterradlenkung Stoewer Typ 40: nur Vorderradlenkung
Fußbremse	Mechanisch bzw. (bei Stoewer Typ 40) hydraulisch, 4 Räder
Handbremse	4 Räder bzw. (bei Stoewer Typ 40) Hinterräder
Allgemeine Daten	
Radstand	2400 mm
Spur vorn/hinten	1400/1400 mm bzw. Schmalspur-Ausführung für Gebirgstruppen 1250/1250 mm
Gesamtmaße	3900 x 1690 x 1900 mm
Reifen	6,00-18 Gelände bzw. (bei Stoewer R 180 Spezial) 5,50-18 Gelände
Bodenfreiheit	235 mm
Watfähigkeit	500 mm bzw. (bei Stoewer Typ 40) 700 mm
Spurkreis-ø	Vorderrad-Lenkung 12,7 Meter. Vierrad-Lenkung 6,5 Meter
Fahrzeuggewicht	1775 kg bzw. (Stoewer Typ 40) 1700 kg
Zuläss. Gesamtgewicht	2200 kg
Nutzlast	425 kg bzw. (Stoewer Typ 40) 500 kg
Höchstgeschwindigkeit	80 km/h bzw. (Stoewer R 180 Spezial) 75 km/h
Verbrauch/100 km	Straße 17, Gelände 25 Liter
Kraftstofftank	50 + 10 Liter (im Heck)
Fahrbereich	Straße 350, Gelände 240 km

Bild rechts:
Leichter Truppen-Luftschutz-Kraftwagen Kfz. 4 (Fabrikat Stoewer).

Bild Mitte links: Leichter Einheits-Pkw. Kfz. 3
(Fabrikat Hanomag).

Bild Mitte rechts:
Leichter Einheits-Pkw. als Funk-Kraftwagen Kfz. 2.

Bild unten:
Fahrgestell des leichten Einheits-Pkw. mit Vierrad-Lenkung (Fabrikat BMW).

Bild links:
Die ersten kleinen Serien des mittl. Einheits-Pkw. wurden der Truppe als Kfz. 12 mit türlosem Aufbau übergeben. Bild: Ein Kfz. 12 in Amsterdam (Mai 1940).

Bild rechts:
Ein Prototyp des mittl. Einheits-Pkw. bei Erprobungen auf dem Truppenübungsplatz Ohrdruf im Oktober 1938. In der Öffentlichkeit erschien übrigens der mittl. Einheits-Pkw. zum ersten Mal bei der Dreitage-Mittelgebirgsfahrt im Sommer 1938, ziemlich unauffällig mit einem Aufbau wie dieser Prototyp, als »Horch« in die Nennungsliste eingetragen und ohne besonderes Aufsehen zu erregen.

Eine Serie Fahrgestelle für den mittl. Einheits-Pkw. ablieferungsbereit im Opel Lastwagenwerk Brandenburg.

An allen Fronten viel gefahren und bewährt: Mittlerer Einheits-Pkw. (Kfz. 15). Besonderes Kennzeichen dieses älteren Modells: Beiderseits des Wagens je ein drehbar angebrachtes Reserverad. Diese »Stützräder« sollten ein Aufsetzen des Wagens verhindern. Bild unten links: Kfz. 15 eines Divisionskommandeurs befährt einen Knüppeldamm, ein allen alten Rußlandkriegern wohlvertrauter »Bodenbelag«.

Mittelschwerer, geländegängiger Horch 901 mit Einzelradaufhängung und Allradantrieb. Er bewährte sich besser in der Praxis als der leichte Einheits-Pkw. (Willi Ude, © CC-BY-SA-3.0).

Bei der neueren Ausführung der Kfz. 15 und 16 verzichtete man auf die seitlichen Stützräder. Hier steht ein Reserverad innen in der Karosserie, die entsprechend wesentlich breiter ist als diejenige des älteren Modells. Das rechte Bild zeigt ein Kfz. 16 mit geschlossenem Verdeck und recht behelfsmäßigem Winter-Tarnanstrich.

Einheits-Pkw Horch 901 als Sanitätsfahrzeug beim Überqueren einer Brücke in Russland, 1941. (Foto: Bundesarchiv, Bild 101I-209-0100-22, Tannenberg, CC-BY-SA-3.0)

Der Horch 901 (Kfz. 16) diente von 1937 bis 1940 der Wehrmacht als Kübelwagen.

Eine Wagenkolonne an Horch 901-Fahrzeugen kurz vor der Abfahrt.

Horch 901 (Kfz. 15) an der Ostfront, 1941.

Der mittlere Einheits-Pkw Horch 901 im Einsatz an der russischen Front.

Das Kfz. 17, überwiegend als kleiner Funk-Kraftwagen im Einsatz, besaß das Fahrgestell des mittleren Einheits-Pkw. und einen geschlossenen Aufbau, ähnlich den heutigen Kombiwagen. Auch hier gab es eine Ausführung alter Art (Bilder oben) und eine Ausführung neuer Art (Bild unten), erstere kenntlich an den beiderseits außen angebrachten Reserverädern.

	m.gl.Einheits-Pkw. (4 x 4) Horch 901 1937-1940 Wanderer 901 1937-1940	m.gl.Einheits-Pkw. (4 x 4) Horch 901 Typ 40 1940-1943 Wanderer 901 Typ 401940-1941	m.gl.Einheits-Pkw. (4 x 4) Horch 901 Typ 40 Cabriolet 1940-1942	m.gl.Einheits-Pkw. (4 x 4) Opel Typ mPI 1940-1943 Wanderer Typ 40 1942-1943
Motor	Horch V8-3,5l		Horch V8-3.8l	Opel 3,6 l
Zylinderzahl	V8 (60°-V-Form)		V8 (60°-V-Form)	6 (Reihe)
Bohrung x Hub	78 x 92 mm		78 x 100 mm	90 x 95 mm
Hubraum	3517 (Steuer 3492) ccm		3823 (Steuer 3796) ccm	3626 (Steuer 3601)ccm
Leistung	80 PS bei 3600 U/min		90 PS bei 3600 U/min	68 PS bei 2800 U/min
Drehmoment	21,2 mkg bei 1800 U/min		23,4 mkg bei 1800 U/min	20 mkg bei 1800 U/min
Verdichtung	1:6,3		1:6,1	1:6
Vergaser	2 Flachstromvergaser Solex 30 BFH C 1		2 Flachstromvergaser Solex 30 BFH C 1	1 Fallstromvergaser Solex 35JFP
Ventile	Waagrecht liegend Zentrale Nockenwelle Dreifach-Rollenkette		Waagrecht liegend Zentrale Nockenwelle Dreifach-Rollenkette	Hängend Seitliche Nockenwelle Antrieb durch Stirnräder
Kurbelwellenlager	3		3	4
Kühlung	Pumpe, 20,5 Liter Wasser		Pumpe, 20,5 Liter Wasser	Pumpe, 13,5 Liter Wasser
Schmierung	Druckumlauf, 7,5 Liter Öl		Druckumlauf, 7,5 Liter Öl	Druckumlauf, 5 Liter Öl
Batterie	2 x 6 V 75 Ah	1 x 12 V 75 Ah	1 x 12 V75 Ah	2 x 6 V 75 Ah
Lichtmaschine	130, 300 oder 600 W		130 W	130 W
Anlasser	1,8 PS		1,8 PS	1,8 PS
Kraftübertragung	Allrad-Antrieb, nicht abschaltbar je 1 Sperrdifferential hinten und im Zwischengetriebe			
Kupplung	Einscheibentrockenkupplung			
Schaltung	2 Schalthebel Wagenmitte			
Getriebe	4 Gang + Vorgelege			
Synchronisierung	Ohne			
Übersetzungen	ZF Kb 30 D I. 5,488 II. 3,115 III. 1,803 IV. 1,000 Prometheus AGN 8 I. 4,52 II. 2,62 III. 1,38 IV. 1,00	Prometheus AGN 18 I. 5,47 II. 2,81 III. 1,56 IV. 1,00	ZF AK 4 S 30 I. 3,77 II. 2,10 III. 1,36 IV. 1,00	ZF Kb 30 D I. 5,488 II. 3,115 III. 1,803 IV. 1,00
Vorgelege-Übersetzung	Normal 1,097, Gelände 1,69		Normal 1,097, Gelände 2,018	Normal 1,097, Gelände 1,69
Antriebs-Übersetzung	5,285 (37/7) oder 5,375 (43,8)		5,285 oder 5,375	5,285
Fahrwerk	Kastenprofil-Rahmen, Ganzstahlkarosserie			
Vorderradaufhängung	Doppel-Querlenker, je 2 Schraubenfedern pro Rad			
Hinterradaufhängung	Doppel-Querlenker, je 2 Schraubenfedern pro Rad			
Lenkung	Vorderräder. Schnecke ZF-Roß oder Spindel Fulmina			
Fußbremse	Hydraulisch, 4 Räder, Trommel-0 350 mm, breit 50 mm			
Handbremse	Mechanisch (Seilzug), Hinterräder			
Allgemeine Daten				
Radstand	3100 mm		3100 mm	3100 mm
Spur vorn/hinten	1532/1532 mm		1532/1532 mm	1532/1532 mm
Gesamtmaße	Kübelwagen: 4700 x 1860 x 2070 mm Funkwagen: 4800 x 1800 x 1850 mm		Cabriolet: 4800 x 1860 x 1930 mm	Kübelwagen: 4700 x 1860 x 2070 mm
Reifen	190 – 18 Gelände		190 – 18 Gelände	190 – 18 Gelände
Bodenfreiheit	250 mm		250 mm	250 mm
Watfähigkeit	500 mm		500 mm	500 mm
Wendekreis-ø	14 Meter		14 Meter	14 Meter
Wagengewicht	2700 kg		3080 kg	2700 kg
Zuläss. Gesamtgewicht	3300, Funkwagen 3680 kg		3400 kg	3300 kg
Nutzlast	600 kg, Funkwagen 980 kg		320 kg	600 kg
Höchstgeschwindigkeit	Straße 90, Gelände 50 km/h		Straße 95, Gelände 50 km/h	Straße 90, Gelände 50 km/h
Verbrauch/100 km	Straße 26, Gelände 36 Liter		Straße 26, Gelände 36 Liter	Straße 24, Gelände 34 Liter
Kraftstofftank	70 Liter (unter dem Wagen) + 40 Liter (im Heck)		70 Liter (unter dem Wagen) + 40 Liter (im Heck)	70 Liter (unter dem Wagen) + 40 Liter (im Heck)
Fahrbereich	Straße 420, Gelände 300 km		Straße 420, Gelände 300 km	Straße 450, Gelände 320 km

Kommandierender General in seinem Kfz. 21 (Horch Kommandeur-Cabriolet).

Horch Kommandeur-Cabriolet mit behelfsmäßigem Winter-Tarnanstrich.

Linke Reihe von oben nach unten:

Armee-Oberbefehlshaber mit Kfz. 21 bei der Feldparade.

General Guderian bei Lagebesprechung in Rußland (15.9.1941).

Guderians Kfz. 21 und Kfz. 15 im Schlepp seines Panzerbefehlswagens.

Rechte Reihe:

Im Februar 1941 ließ die Reichskanzlei bei Erdmann & Rossi auf einem Fahrgestell Horch 901 Typ 40 diesen Sechssitzer-Tourenwagen bauen. Er besaß eine kugelsichere Frontscheibe und einen hochklappbaren Beifahrersitz, damit man im Wagen stehen konnte. Das Auto, das ein Einzelstück blieb, soll für den Führer persönlich bestimmt gewesen sein, was der Verfasser jedoch für unwahrscheinlich hält. Angeblich sei Hitler einmal mit diesem Wagen zu einer Veranstaltung in Wien erschienen. Hat vielleicht jemals ein Leser diesen Horch gesehen, oder weiß jemand, was mit ihm geschah und wo er blieb?

	s.gl.Einheits-Pkw. (4 x 4) Horch 108 Typ a und b 1937-1938	s.gl.Einheits-Pkw. (4 x 4) Horch 108 Typ 1a und 1b 1939-1940	s.gl.Einheits-Pkw. (4 x 4) Horch 108 Typ 40 1940-1942
Motor	Horch V8-3,5 l	Horch V8-3,8 l	Horch V8-3,8 l
Zylinderzahl	V8 (60°-V-Form)	V8 (60°-V-Form)	V8 (60°-V-Form)
Bohrung x Hub	78 x 92 mm	78 x 100 mm	78 x 100 mm
Hubraum	3517 (Steuer 3492) ccm	3823 (Steuer 3796) ccm	3823 (Steuer 3796) ccm
Leistung	80 PS bei 3600 U/min	81 PS bei 3600 U/min	90 PS bei 3600 U/min
Drehmoment	21,2 mkg bei 1800 U/min	22 mkg bei 1800 U/min	23,4 mkg bei 1800 U/min
Verdichtung	6,3:1	5,8:1	6,1:1
Vergaser		2 Fallstromvergaser Solex 30 BFH	
Ventile		Waagrecht liegend, zentrale Nockenwelle	
		Antrieb durch Dreifach-Rollenkette	
Kurbelwellenlager		3	
Kühlung		Pumpe, 23 Liter Wasser	
Schmierung		Druckumlauf, 8 Liter Öl	
Batterie		12 V 75 Ah (links am Rahmen)	
Lichtmaschine		90 (nur bei erster Serie), 130, 300 oder 600 W	
Anlasser		1,8 PS	
Kraftübertragung		Allrad-Antrieb, nicht abschaltbar	
		Je 1 Sperrdifferential hinten und im Getriebe (Typ 40: im Zwischengetriebe)	
Kupplung		Einscheibentrockenkupplung	
Schaltung		Je 1 Schalthebel/Wagenmitte für Getriebe und für Sperre	
Getriebe	5 Gang Horch	5 Gang Horch	5 Gang Einheitsgetriebe
Synchronisierung	Ohne	Ohne	Ohne
Übersetzungen	Gelände 6,79	Gelände 6,79	Gelände 10,9
	I. 4,53 – II. 2,68 – III. 1,68 – IV. 1,09	I. 4,53 – II. 2,68 – III. 1,68 – IV. 1,09	I. 6,28 – II. 4,20 – III. 2,46 – IV. 1,48
			Zwischengetriebe 1,00
Antriebs-Übersetzung	6,375 (51:8)	6,571 (46:7)	5,14 (36:7) oder 4,35 (35:8)
Fahrwerk		Kastenprofil-Rahmen	
		Mannschaftswagen: Ganzstahlkarosserie	
Vorderradaufhängung		Doppel-Querlenker, je 2 Schraubenfedern pro Rad	
Hinterradaufhängung		Doppel-Querlenker, je 2 Schraubenfedern pro Rad	
Lenkung	Schnecke ZF-Roß, 4,25 Lenkraddrehungen	Schnecke ZF-Roß, 4,25 Lenkraddrehungen	Schnecke ZF-Roß oder, Spindel Fulmina-Münz
	Typ a: Vierradlenkung mit	Typ 1a: Vierradlenkung mit	4,25 Lenkraddrehungen
	abschaltbarer Hinterradlenkung	abschaltbarer Hinterradlenkung	(nur Vorderradlenkung)
	Typ b: Nur Vorderradlenkung	Typ 1b: Nur Vorderradlenkung	
Fußbremse	Mechanisch, 4 Räder	Hydraulisch, 4 Räder	Hydraulisch, 4 Räder
Handbremse	Mechanisch (Seilzug), 4 Räder	Mechanisch (Seilzug), 4 Räder	Mechanisch (Seilzug), 4 Räder
Allgemeine Daten			
Radstand		3000 mm	
Spur vorn/hinten		1646/1646 mm	
Gesamtmaße		Offener Aufbau (mit Verdeck): 4850 x 2000 x 2040 mm	
		Geschlossener Aufbau (ohne Antennen): 4850 x 2000 x 2100 mm	
Räder		Scheiben 7" – 18 Flachbett	
Reifen		210 – 18 Gelände	
Bodenfreiheit		250 mm	
Watfähigkeit		500 mm	
Spurkreis-ø		15,6, mit Vierradlenkung 10 Meter	
Fahrgestellgewicht		2300, mit Vierradlenkung 2400 kg	
Fahrzeuggewicht		3200, mit Vierradlenkung 3300 kg	
Zuläss. Gesamtgewicht		4300 kg	
Nutzlast		1100, mit Vierradlenkung 1000 kg	
Besatzung		Mannschaftswagen 1 + 7 Mann	
Höchstgeschwindigkeit	84 km/h	81 km/h	H'Achse 5,14: 76 km/h
			H'Achse 4,35: 90 km/h
Verbrauch/100 km	Straße 32, Gelände 42 Liter	Straße 32, Gelände 42 Liter	Straße 32, Gelände 42 Liter
Kraftstofftank	60 + 60 = 120 Liter	60 + 60 = 120 Liter	55 + 65 = 120 Liter
Fahrbereich	Straße 370, Gelände 280 km	Straße 370, Gelände 280 km	Straße 370, Gelände 280 km

<table>
<tr><th>s.gl.Einheits-Pkw. (4 x 4)
Ford Typ EGa, EGb und EGd
1939-1940</th><th>s.gl.Einheits-Pkw. (4 x 4)
Ford EG Typ 40
1940-1941</th></tr>
<tr><td colspan="2">Ford V8-3,61l</td></tr>
<tr><td colspan="2">V8 (90°-V-Form)</td></tr>
<tr><td colspan="2">77,8 x 95 mm</td></tr>
<tr><td colspan="2">3613 (Steuer 3560) ccm</td></tr>
<tr><td colspan="2">78 PS bei 3500 U/min</td></tr>
<tr><td colspan="2"></td></tr>
<tr><td colspan="2">6,15:1</td></tr>
<tr><td colspan="2">1 Doppel-Fallstromvergaser Solex 30 FFIK</td></tr>
<tr><td colspan="2">Seitlich stehend, zentrale Nockenwelle</td></tr>
<tr><td colspan="2">Antrieb durch Stirnräder</td></tr>
<tr><td colspan="2">3</td></tr>
<tr><td colspan="2">2 Pumpen, 26 Liter Wasser</td></tr>
<tr><td colspan="2">Druckumlauf, 5 Liter Öl</td></tr>
<tr><td colspan="2">12 V 75 Ah (links am Rahmen)</td></tr>
<tr><td colspan="2">130, 300 oder 600 W</td></tr>
<tr><td colspan="2">1,8 PS</td></tr>
<tr><td colspan="2">Allrad-Antrieb, nicht abschaltbar</td></tr>
<tr><td colspan="2">Je 1 Sperrdifferential hinten und im Zwischengetriebe</td></tr>
<tr><td colspan="2">Einscheibentrockenkupplung</td></tr>
<tr><td colspan="2">Je 1 Schalthebel/Wagenmitte für Getriebe und für Sperre</td></tr>
<tr><td colspan="2">5 Gang Einheitsgetriebe</td></tr>
<tr><td colspan="2">Ohne</td></tr>
<tr><td colspan="2">Gelände 10,9</td></tr>
<tr><td colspan="2">I. 6,28 – II. 4,20 – III. 2,46 – IV. 1,48</td></tr>
<tr><td colspan="2">Zwischengetriebe 1,00</td></tr>
<tr><td colspan="2">5,14(36:7)</td></tr>
<tr><td colspan="2">Kastenprofil-Rahmen</td></tr>
<tr><td colspan="2">Mannschaftswagen: Ganzstahlkarosserie</td></tr>
<tr><td colspan="2">Doppel-Querlenker, je 2 Schraubenfedern pro Rad</td></tr>
<tr><td colspan="2">Doppel-Querlenker, je 2 Schraubenfedern pro Rad</td></tr>
<tr><td>Schnecke ZF-Roß, 4,25 Lenkraddrehungen
Typ EGa und EGd: Vierradlenkung
mit abschaltbarer Hinterradlenkung
Typ EGb: Nur Vorderradlenkung</td><td>Schnecke ZF-Roß oder, Spindel Fulmina-Münz
4,25 Lenkraddrehungen
(nur Vorderradlenkung)</td></tr>
<tr><td>Hydraulisch, 4 Räder</td><td>Hydraulisch, 4 Räder</td></tr>
<tr><td>Mechanisch (Seilzug), 4 Räder</td><td>Mechanisch (Seilzug), 4 Räder</td></tr>
<tr><td colspan="2"></td></tr>
<tr><td colspan="2">3000 mm</td></tr>
<tr><td colspan="2">1646/1646 mm</td></tr>
<tr><td colspan="2">Offener Aufbau: 4850 x 2000 x 2040 mm</td></tr>
<tr><td colspan="2">Geschlossener Aufbau: 4850 x 2000 x 2100 mm</td></tr>
<tr><td colspan="2">Scheiben 7" – 18 Flachbett</td></tr>
<tr><td colspan="2">210 – 18 Gelände</td></tr>
<tr><td colspan="2">250 mm</td></tr>
<tr><td colspan="2">500 mm</td></tr>
<tr><td colspan="2">15,6, mit Vierradlenkung 10 Meter</td></tr>
<tr><td colspan="2">2300, mit Vierradlenkung 2400 kg</td></tr>
<tr><td colspan="2">3200, mit Vierradlenkung 3300 kg</td></tr>
<tr><td colspan="2">4300 kg</td></tr>
<tr><td colspan="2">1100, mit Vierradlenkung 1000 kg</td></tr>
<tr><td colspan="2">Mannschaftswagen 1 + 7 Mann</td></tr>
<tr><td colspan="2">85 km/h</td></tr>
<tr><td colspan="2"></td></tr>
<tr><td colspan="2">Straße 36, Gelände 48 Liter</td></tr>
<tr><td colspan="2">55 + 65 = 120 Liter</td></tr>
<tr><td colspan="2">Straße 330, Gelände 250 km</td></tr>
</table>

Fahrgestell des schweren Einheits-Pkw.: Gelände-Versuchsfahrten bei Horch in Zwickau.

Prototyp des schweren Einheits-Pkw.: Nur das Verdeck entspricht noch nicht der Serie.

Schwerer Einheits-Pkw. (Typ 40) als Fernsprech-Bauwagen.

Schwerer Einheits-Pkw. (Typ 40) als Gruppenwagen Kfz. 18.

Schwerer Einheits-Pkw. Fahrgestell (ältere Bauart).

Bilder rechs oben und Mitte:
Schwerer Einheits-Pkw. (Typ 40) als Gruppenwagen Kfz. 18.

Bild rechts unten:
Schwerer Einheits-Pkw. als Sanitäts-Kraftwagen Kfz. 31.

Bild links unten:
Deutsche Soldaten in einem Horch-Einheits-Pkw 1941. (Bundesarchiv B 145 Bild-F016199-07, © CC-BY-SA-3.0).

Bilder rechts außen:
Zwei oder drei Horch Kommandeur-Cabriolets existieren noch, aber nur ein einziges befindet sich in vorzeigbarer Verfassung. Es handelt sich um einen Wagen mit Gläser-Karosserie. Er gehört einem privaten Sammler in Frankreich, ist voll fahrbereit und einsatzfähig, nachdem ihn André Lecoq (St. Ouen/Paris) ganz exzellent restauriert hat.

WH
623596

WH 923596

Auch schon in der damaligen Zeit pflegte Daimler-Benz als Alternative zu den Wehrmacht-Konstruktionen solche eigener Art zu entwickeln. Die Kübelwagen Mercedes-Benz Typ 170 VG und Typ 170 VL (die beiden oberen Bilder) blieben aber völlig unbekannt, obwohl von beiden zusammen 1935 und 1936 immerhin etwa 100 Stück an die Wehrmacht geliefert worden sein sollen. Der 170 VL unterschied sich vom Vorgänger hauptsächlich durch die Vierrad-Lenkung. Allrad-Antrieb besaßen sie beide.

Recht bekannt hingegen wurde in der Öffentlichkeit der 1937 herausgebrachte Mercedes-Benz Geländewagen Typ G 5 (4 Zylinder, 2 Liter, 45 PS), von welchem die Wehrmacht jedoch nur wenige Exemplare übernahm. Hergestellt wurden bis 1941 insgesamt 378 Stück, die überwiegend in den Export gingen. Serienmäßig gab es drei Karosserieausführungen, nämlich den Wehrmacht-Kübelaufbau (mittlere Bilder), das Cabriolet als »Jagdwagen« (unteres Bild) und einen vereinfachten Kübelaufbau für Polizei und für Parteigliederungen. Ein solcher Kübelwagen einfacher Ausführung lief nach dem Krieg noch zwei Jahrzehnte lang bei der Bergwacht in Berchtesgaden.

	le.gl.Pkw. (4 x 4) Mercedes-Benz Typ 170 VG 1935	le.gl.Pkw. (4 x 4) Mercedes-Benz Typ 170 VL 1936	le.gl.Pkw. (4 x 4) Mercedes-Benz Typ G 5 1937-1941
Motor	Daimler-Benz M 28 II	Daimler-Benz M 136 MIL	Daimler-Benz M 149 II
Zylinderzahl	4 (Reihe)	4 (Reihe)	4 (Reihe)
Bohrung x Hub	73,5 x 100 mm	73,5 x 100 mm	82 x 95 mm
Hubraum	1697 ccm	1697 ccm	2006 ccm
Leistung	38 PS bei 3400 U/min	38 PS bei 3400 U/min	45 PS bei 3700 U/min
Drehmoment	10,4 mkg bei 1800 U/min	10,4 mkg bei 1800 U/min	12,8 mkg bei 1800 U/min
Verdichtung	1:6,5	1:6,5	1:6,5
Vergaser	1 Flachstromvergaser Solex 30BFRV	1 Flachstromvergaser Solex 30BFLV	1 Flachstromvergaser Solex 35 BFLVS
Ventile	Seitlich stehend Seitliche Nockenwelle Antrieb durch Stirnräder	Seitlich stehend Seitliche Nockenwelle Antrieb durch Stirnräder	Seitlich stehend Seitliche Nockenwelle Antrieb durch Stirnräder
Kurbelwellenlager	3	3	3
Kühlung	Wasser/Pumpe	Wasser/Pumpe	Wasser/Pumpe
Schmierung	Druckumlauf	Druckumlauf	Druckumlauf
Batterie	6 V 75 Ah	6 V 75 Ah	6 V 105 Ah
Lichtmaschine	90 W	90 W	90 W
Anlasser	0,6 PS	0,6 PS	0,8 PS
Kraftübertragung	Allrad-Antrieb Vorderrad-Antrieb abschaltbar	Allrad-Antrieb	Allrad-Antrieb 3 Sperrdifferentiale
Kupplung	Einscheibentrockenkupplung	Einscheibentrockenkupplung	Einscheibentrockenkupplung
Schaltung	2 Schalthebel/Wagenmitte	Schalthebel/Wagenmitte	Schalthebel/Wagenmitte
Getriebe	5 Gang 4 Gang	5 Gang	5 Gang
Synchronisierung	Ohne Ohne	Ohne	Ohne
Übersetzungen	I. 7,37 – II. 4,22 – III. 2,60 – IV. 1,30 – V. 1,00	I. 7,22 – II. 4,82 – III. 2,26 – IV. 1,18 – V. 0,885	I. 7,22 – II. 4,82 – III. 2,26 – IV. 1,18 – V. 0,885
Antriebs-Übersetzung	6,80	7,22	6,86
Fahrwerk	X-förmiger Ovalrohr-Rahmen	X-förmiger Ovalrohr-Rahmen	Kastenprofil-Rahmen
Vorderradaufhängung	2 Querfedern	2 Querfedern	Doppel-Querlenker Schraubenfedern
Hinterradaufhängung	Pendelachse Schraubenfedern	Pendelachse Schraubenfedern	Doppel-Querlenker Schraubenfedern
Lenkung	Spindellenkung	Vierrad-Spindellenkung Hinterrad-Lenkung abschaltbar	Vierrad-Spindellenkung Hinterrad-Lenkung abschaltbar
Fußbremse	Hydraulisch, 4 Räder	Hydraulisch, 4 Räder	Hydraulisch, 4 Räder
Handbremse	Mechanisch, Hinterräder	Mechanisch, Antriebswelle	Mechanisch, Antriebswelle
Allgemeine Daten			
Radstand	2600 mm	2525 mm	2530 mm
Spur vorn/hinten	1320/1310 mm	1320/1310 mm	1422/1422 bzw. auch 1410/1410 mm
Gesamtmaße (mit Verdeck)	4080 x 1570 x 1600 mm	4065 x 1570 x 1610 mm	3990 x 1680 x 1900 mm
Räder	Stahlblech-Scheiben mit Tiefbettfelgen, 3,25 D – 18	Stahlblech-Scheiben mit Tiefbettfelgen 3,25 D – 18	Stahlblech-Scheiben mit Flachbettfelgen 28x5
Reifen	5,25 – 18	5,25 – 18	6,00-18 SS Gelände
Bodenfreiheit	200 mm	215 mm	250 mm
Spurkreis-ø	10,8 Meter	Vorderrad-Lenkung 11 Meter Vierrad-Lenkung 7 Meter	Vorderrad-Lenkung 12 Meter Vierrad-Len- kung 7 Meter
Fahrzeuggewicht	1210 kg	1220 kg	1880 kg
Zuläss. Gesamtgewicht	1700 kg	1720 kg	2150 kg
Nutzlast	490 kg	500 kg	270 kg
Besatzung	1 + 3 Mann	1 + 3 Mann	1 + 3 Mann
Höchstgeschwindigkeit	5 Gang 4 Gang 90 km/h 110 km/h mit Vierrad-Antrieb 55 km/h 60 km/h	82 km/h mit Vierrad-Lenkung 30 km/h	85 km/h mit Vierrad-Lenkung 30 km/h
Verbrauch/100 km	Straße 13 Liter	Straße 13 Liter	Straße 18, Gelände 27 Liter
Kraftstofftank	50 Liter	50 Liter	50 Liter
Fahrbereich	Straße 380 km	Straße 380 km	Straße 280, Gelände 180 km

Nachdem einerseits die leichten Einheits-Pkw. versagt hatten und andererseits die VW-Kübelwagen noch nicht oder nicht in ausreichender Zahl zur Verfügung standen, wurde der Mercedes-Benz Typ 170 V als Kübelwagen in ziemlich großem Umfang eingesetzt. Er war nach dem VW-Kübel der meistgebaute Wehrmacht-Pkw. und lief in den Planstellen der Kfz. 2,2/40 und 3. Zwar war der Wagen im Gelände nur bedingt brauchbar, doch glich er dies durch seine ausgezeichnete Qualität und Zuverlässigkeit aus. Dieser 170 V war ein gutes, treues Automobil, wenn freilich auch nicht gerade das ideale Gefechtsfahrzeug. Als solches stellte er sowieso eine Verlegenheitslösung dar, weil man »oben« gewiß nicht damit gerechnet hatte, daß sich die leichten Einheits-Pkw. als derart unbrauchbar erweisen würden.

	le.Pkw. (4 x 2) Mercedes-Benz Typ 170 VK 1938-1942
Motor	Daimler-Benz M 136
Zylinderzahl	4 (Reihe)
Bohrung x Hub	73,5 x 100 mm
Hubraum	1697 ccm
Leistung	38 PS bei 3400 U/min
Drehmoment	10,4 mkg bei 1800 U/min
Verdichtung	1:6,5
Vergaser	1 Flachstromvergaser Solex 30 BFLVS
Ventile	Seitlich stehend, Seitliche Nockenwelle, Antrieb durch Stirnräder
Kurbelwellenlager	3
Kühlung	Pumpe, 11 Liter Wasser
Schmierung	Druckumlauf, 6 Liter Öl
Batterie	12 V 65 Ah (unter Fahrersitz)
Lichtmaschine	90 oder 130W
Anlasser	1 PS
Kraftübertragung	Antrieb auf Hinterräder
Kupplung	Einscheibentrockenkupplung
Schaltung	Schalthebel/Wagenmitte
Getriebe	4 Gang ZFAKS15
Synchronisierung	I-IV
Übersetzungen	I. 4,025 II. 2,28 III. 1,42 IV. 1,00
Antriebs-Übersetzung	4,125
Fahrwerk	X-förmiger Ovalrohr-Rahmen
Vorderradaufhängung	2 Querfedern
Hinterradaufhängung	Pendelachse, Schraubenfedern
Lenkung	Schnecke ZF-Roß
Fußbremse	Hydraulisch, 4 Räder
Handbremse	Seilzug, Hinterräder
Schmierung	Zentral
Allgemeine Daten	
Radstand	2845 mm
Spur vorn/hinten	1310/1870 mm
Gesamtmaße (mit Verdeck)	4100 x 1690 x 1830 mm
Räder	Stahlblech-Scheiben mit Tiefbettfelgen 3,25 D x 16
Reifen	5,25 – 16 Gelände
Bodenfreiheit	200 mm
Watfähigkeit	400 mm
Spurkreis-ø	11 Meter
Fahrzeuggewicht	1235 kg
Zuläss. Gesamtgewicht	1660 kg
Nutzlast	425 kg
Besatzung	1 + 2 Mann (Gerätekasten hinten rechts)
Höchstgeschwindigkeit	90 km/h
Verbrauch/100 km	Straße 13 Liter
Kraftstofftank	43 Liter (im Motorraum)
Fahrbereich	Straße 330 km

Der Öffentlichkeit völlig unbekannt blieb der Adler V 40 T. Der im Auftrag der Luftwaffe entwickelte Geländewagen mit Allrad-Antrieb sollte sich für die Luftverfrachtung eignen. Man wollte ihn auf Feldflugplätzen einsetzen, und zwar sowohl in den Tropen als auch in der Arktis. Gefordert war optimale Geländegängigkeit, welche man durch ein Hebelsystem zwecks Raddruckausgleichs erreichte. Bei der Wehrmacht-Wintererprobung in St. Johann bewältigte der Adler alle Steigungen der Prüfstrecke ohne Schneeketten, während sämtliche andere Wagen mit Schneeketten fuhren. Eine Besonderheit für damalige Begriffe stellte das geschlossene Kühlsystem dar, das die Betriebssicherheit gleicherweise bei Hitze und bei Frost gewährleistete. Im Winter 1941/42 suchte das OKW ein geeignetes Geländefahrzeug für eine Inspektionsreise des Reichsministers Todt an die in eine schwere Krise geratene Ostfront. Die Wahl fiel auf den Adler V 40 T, der sich bei dieser Gelegenheit hervorragend bewährte. Der Minister fuhr bis in die tiefverschneite vordere Front, damals 30 km vor Moskau, trat dann aber die Rückreise nach Berlin mit dem Flugzeug an, mit dem er am 8. 2.1942 tödlich abstürzte. Der Adler Geländewagen fand wohlbehalten ins Werk zurück. Inzwischen waren 6 Vorserien-Fahrzeuge fertiggestellt und für den Kriegsschauplatz in Afrika bestimmt worden. Sie wurden auf dem Luftweg über das Mittelmeer gebracht, erreichten aber nur zum Teil ihr Ziel. Weiter hörte man nichts mehr von diesen Adler Geländeautomobilen, denn der afrikanische Feldzug befand sich zu jener Zeit bereits im Zusammenbruch.

	Mittl.gl.Pkw. (4x4) Adler V 40 T Prototyp 1941
Motor	Adler 2,5 Liter
Zylinderzahl	6 (Reihe)
Bohrung x Hub	71 x 105 mm
Hubraum	2494 ccm
Leistung	55 PS bei 3500 U/min
Verdichtung	1:6,25
Vergaser	1 Gelände-Fallstromvergaser
	Solex 35 JFP II
Ventile	Seitlich stehend
	Seitliche Nockenwelle
	Antrieb durch Stirnräder
Kurbelwellenlager	4
Kühlung	Wasser/Pumpe
Schmierung	Trockensumpf
Batterie	12 V 50 Ah
Lichtmaschine	130 W
Anlasser	0,8 PS
Kraftübertragung	Allrad-Antrieb
	1 Sperrdifferential
Kupplung	Einscheibentrockenkupplung
Schaltung	Schalthebel Wagenmitte
Getriebe	5 Gang
Synchronisierung	Ohne
Übersetzungen	I. 7,60, II. 4,76, III. 2,53, IV. 1,69, V. 1,00
	Zwischengetriebe 1,40
Antriebs-Übersetzung	4,44
Fahrwerk	Kastenprofil-Rahmen Ganzstahlkarosserie
Vorderradaufhängung	Starrachse, beiderseits 1 Federstab längs
Hinterradaufhängung	Starrachse, beiderseits 1 Federstab längs
Lenkung	ZF-Roß
Fußbremse	Hydraulisch, 4 Räder, Trommel-0 325 mm
Handbremse	Mechanisch, Hinterräder
Schmierung	Zentral
Allgemeine Daten	2500 mm
Spur vorn/hinten	1480/1480 mm
Gesamtmaße	4300 x 1970 x 2120 mm
Reifen	Tropen 8,25 – 17, Arktis 7,50 – 17
Bodenfreiheit	240 mm
Spurkreis-ø	12 Meter
Fahrzeuggewicht	1850 kg
Zuläss. Gesamtgewicht	3000 kg
Nutzlast	1150 kg
Höchstgeschwindigkeit	93 km/h
Verbrauch/100 km	Straße 22, Gelände 32 Liter
Kraftstofftank	50 + 100 Liter (vor Hinterachse)
	+ 6 Kanister = 120 Liter
Fahrbereich	Straße 1200, Gelände 800 km

Wohl nur bei österreichischen Wehrmachteinheiten eingesetzt war der Steyr Typ 250, von dem 1938 bis 1940 immerhin 1200 Stück gebaut wurden. Dieses Modell ging aus dem handelsüblichen Kleinwagen Steyr Typ 50 hervor, und es besaß wie dieser einen 1,2 Liter Vierzylinder Boxermotor mit 25 PS Leistung. Obwohl der Steyr Typ 250 nicht der hierfür vorgesehenen Größenordnung entsprach, wurde er hauptsächlich als Kfz. 15 verwendet.

	le. Pkw. (4 x 2) bzw. Kraftfahr-Sirene Opel P4 1937-1938	le. Pkw. (4 x 2) Steyr Typ 250 1938-1940	le. Pkw. (4 x 2) Skoda Popular 1100 1939-1942	le. Pkw. (4 x 2) Tatra Typ 57 K 1941-1943
Motor	Opel 1,3 Liter	Steyr	Skoda	Tatra
Zylinderzahl	4	4 (Boxer)	4	4 (Boxer)
Bohrung x Hub	67,5 x 90 mm	64 x 90 mm	68 x 75 mm	73 x 75 mm
Hubraum	1279 ccm	1158 ccm	1089 ccm	1256 ccm
Leistung	26 PS bei 3400 U/min	25 PS bei 3600 U/min	32 PS bei 3500 U/min	23 PS bei 3000 U/min
Drehmoment	1:6	1:5,8	1:6,3	1:5,0
Verdichtung	1 Opel	1 Solex 30 BFRH	1 Zenith	1 Solex 30 BFVL
Vergaser	Seitlich stehend	Stehend	Hängend	Hängend
Ventile	Seitliche Nockenwelle	Zentrale Nockenwelle	Seitliche Nockenwelle	Zentrale Nockenwelle
	Antrieb durch Stirnräder	Antrieb durch Stirnräder	Antrieb durch Stirnräder	Antrieb durch Stirnräder
	3	2	3	2
Kurbelwellenlager		Zylinderbüchsen	Zylinderbüchsen	
		auswechselbar	auswechselbar	
	Wasser/Pumpe	Wasser/Thermosyphon	Wasser/Pumpe	Luft/Gebläse
Kühlung		12 V40 Ah	6 V 60 Ah	6 V 60 Ah
Batterie		95 W	130 W	130 W
Lichtmaschine	Antrieb auf Hinterräder	Antrieb auf Hinterräder	Antrieb auf Hinterräder	Antrieb auf Hinterräder
Anlasser		Sperrdifferential		
Kraftübertragung	Einscheibentrockenkupplung	Einscheibenkupplung halbnaß	Einscheibentrockenkupplung	Einscheibentrockenkupplung
Getriebe	Schalthebel Wagenmitte	Schalthebel Wagenmitte	Schalthebel Wagenmitte	Schalthebel Wagenmitte
	4 Gang	4 Gang + Vorgelege	4 Gang	4 Gang
Übersetzungen		I. 4,83		I. 4,20
		II. 2,98		II. 2,76
		III. 1,73		III. 1,65
		IV.1,00		IV. 1,00
		Vorgelege Straße 1,00		
		Vorgelege Gelände 2,45		
Antriebs-Übersetzung		6,29		4,727
Fahrwerk	Kastenprofil-Rahmen	Kastenprofil-Rahmen	Zentralrohr-Rahmen gegabelt	Zentralrohr-Rahmen
	Ganzstahlkarosserie	Ganzstahlkarosserie	Ganzstahlkarosserie	Ganzstahlkarosserie
Vorderradaufhängung	starr, Halbfedern	starr, Halbfedern	Querlenker, 1 Querfeder	2 Querfedern
			unten	
Hinterradaufhängung	starr, Halbfedern	starr, Viertelfedern	Pendelachse, 1 Querfeder	Pendelachse, 1 Querfeder
Lenkung	Schneckenlenkung	Schraubenlenkung	Zahnstangenlenkung	Zahnstangenlenkung
Fußbremse	Mechanisch	Hydraulisch	Hydraulisch	Mechanisch Seilzug
Fußbremse wirkt auf	4 Räder	4 Räder	4 Räder	4 Räder
Handbremse wirkt auf	4 Räder	Hinterräder	Hinterräder	Hinterräder
Allgemeine Daten				
Radstand	2460 mm	2600 mm	2485 mm	2550 mm
Spur	1200/1200 mm	1380/1340 mm	1200/1250 mm	1220/1200 mm
Gesamtmaße (mit Verdeck)	4100 x 1500 x 1700 mm	4200 x 1700 x 1800 mm	4000 x 1500 x 1560 mm	3980 x 1550 x 1690 mm
Reifen	5,25 – 16	5,25 – 17	5,25 – 18	6,00 – 16 Gelände
Bodenfreiheit		200 mm	200 mm	220 mm
Spurkreis-ø		12 Meter	11 Meter	13 Meter
Fahrzeuggewicht	930 kg		950 kg	970 kg
Zuläss. Gesamtgewicht	1365 kg	1650 kg		1390 kg
Nutzlast	435 kg			420 kg
Höchstgeschwindigkeit	85 km/h	75 km/h	100 km/h	90 km/h
Verbrauch/100 km	Straße 10 Liter	Straße 11,5 Liter	Straße 10,5 Liter	Straße 10 Liter
Kraftstofftank	25 Liter – (im Heck)	46 Liter – (im Motorraum)	35 Liter – (im Motorraum)	38 Liter – (im Motorraum)
Fahrbereich	Straße 250 km	Straße 400 km	Straße 330 km	Straße 380 km

Weithin wußte man kaum, daß der Opel P 4 in ziemlich großer Zahl als Kübelwagen lief. Bei der Wehrmacht diente er allerdings nicht als Gefechtsfahrzeug, sondern nur bei den rückwärtigen Diensten, so beispielsweise auch als »Kraftfahrsirene« oder »Sirenenwagen«. Als Gefechtsfahrzeug fand man den Opel P 4 hingegen bei verbündeten Armeen, so bei den Bulgaren. Der Wagen besaß den 1,3 Liter-Motor und das verstärkte Fahrgestell des handelsüblichen Opel Kastenwagens.

Zu Beginn des Krieges wurden dann aber auch selbst alte 1,2 Liter Kastenwagen zu Kübelsitzern umgebaut. Sie liefen bei der Infanterie. Solche Autos waren mehr oder weniger Notbehelfe, aber dennoch von geradezu unwahrscheinlicher Robustheit und Zuverlässigkeit.

Selbst handelsübliche Opel Kadett und Opel Olympia Limousinen verschmähte die Wehrmacht nicht. Man fand sie bei allen möglichen rückwärtigen Diensten, bei Nachschub- und Transporteinheiten, und zuweilen sogar ein oder zwei Stück selbst bei bestens ausgerüsteten Einheiten der Panzertruppen. Dort wurden damit Spieße und Troßführer beweglich gemacht.

Handelsübliche Opel Kastenwagen wurden manchmal ohne Umbau verwendet, wie sie waren. So beispielsweise als Lautsprecherwagen für Propagandazwecke oder als Hilfsmittel der Militärverwaltung.

Ein wahrhaft skurriles Geländeauto war der Tempo G 1200, gebaut von 1936 bis 1938. Er besaß je einen 600 ccm Jlo Zweizylinder-Zweitaktmotor vorn und hinten, Allrad-Antrieb und Allrad-Lenkung. Bei den Erprobungen der Wehrmacht hat er freilich schlecht abgeschnitten, weshalb er dort nicht zur Einführung kam. In bescheidener Stückzahl ist der Tempo Geländewagen dann für Rumänien und andere Exportländer gebaut worden. Im Krieg liefen schließlich doch einige Exemplare bei der Wehrmacht, aber nur bei Heimatdienststellen. Zum Teil waren es die an die Wehrmacht gelieferten Versuchsmuster, zum Teil eingezogene Privatfahrzeuge. Es werden wohl kaum mehr als 20 Stück gewesen sein.

Als die Italiener im Spätsommer 1943 den Krieg auf ihre Weise beendeten, nahm die Wehrmacht deren Verbänden alle brauchbaren Waffen und Kraftfahrzeuge weg. Seitdem befanden sich bei den in Italien operierenden Wehrmachtteilen zahlreiche Fiat 1100 Militare, die sich gut bewährten. Beide Fotos wurden im Jahr 1943 aufgenommen, das linke in Tunis, das untere in Italien.

Als Wehrmacht-Kübelwagen Kfz 15 lieferte Skoda von 1941 bis 1943 den Typ Superb 3000, vermutlich bestimmt zur Verwendung bei den Truppen unserer Bundesgenossen.

Etwa 6000 Stück liefen vom Kübelwagen Tatra Typ 57 K, der, vom Aufbau abgesehen, weitgehend dem handelsüblichen Serientyp glich. Der Tatra Kübelwagen war hauptsächlich bei SS- und Polizei-Divisionen eingesetzt.

Auch der Skoda Popular 1100 wurde bis in den Krieg hinein als Militär-Pkw gebaut und geliefert, vermutlich allerdings überwiegend an verbündete Armeen.

Tatra stellte 1940 den Geländewagen V809 her, von dem einige wenige Exemplare an das Afrika-Korps geliefert wurden. Daten: 4 Zylinder, 2,5 Liter, 50 PS, Luftkühlung, 4 Gang und Vorgelege, Allrad-Antrieb, Radstand 2600 mm, Gesamtmaße 3720 x 1600 x 2000 mm. Auf der Basis dieses Modells ließ sich 1942 General Rommel eine Tropen-Limousine (Bild unten) bauen. Über diesen Wagen gibt es aber außer diesem Foto keinerlei Belege oder Daten mehr.

Rechte Spalte Bild unten:
Horch Typ 830 Bk (kurzes Fahrgestell) wurden damals ebenfalls zu Kfz. 12 umgebaut. Sie sahen dem Wehrmacht-Kübelwagen Horch Typ 830 R ähnlich, waren aber hochbeiniger und wenig geländetauglich.

Da Produktion und Bestand der mittleren Einheits-Pkw. nicht ausreichte, wurden nach Kriegsbeginn die noch vorhandenen Fahrgestelle des Mercedes-Benz Typ 340 als Kfz. 15 aufgebaut. 42 Stück. Daten Seite 105.

In gleicher Weise wurden nach Kriegsbeginn die noch vorhandenen Fahrgestelle Horch Typ 830 BL verwendet. Auch hier dürften es insgesamt weniger als 50 Stück gewesen sein.

Auf dem Balkan und anderswo erbeutete Chevrolet Viertüren-Limousinen (Sedan) wurden zu offenen Kfz. 15 mit Gerätekasten umgebaut und an Ort und Stelle weiterverwendet. Foto: Griechenland 1945.

Horch 830 BL Viertüren-Cabriolets wurden behelfsmäßig als Funkkraftwagen Kfz. 15 hergerichtet. Diese Fahrzeuge waren aber total überlastet und für Geländefahrt völlig untauglich.

Schwerer handelsüblicher Pkw. (Horch 830 BL Pullman-Limousine) für den kleinen Lautsprecher-Trupp (mot.), bestimmt zum Einsatz für die Propaganda »in die Bevölkerung«.

Neben allen Horch mit V8-Motor war wohl der Ford V8 jener Autotyp, von dem die Wehrmacht nahezu den gesamten Bestand für sich in Anspruch nahm. Man schätzte ihn wegen seines starken Motors und vor allem wegen seiner starren Achsen. Außerdem war er in so großer Zahl vorhanden, daß man regelrechte Serien davon umbauen und an die Truppe ausgeben konnte. Während die Viersitzer-Cabriolets nahezu unverändert als Chef- oder Kommandeurwagen weiterverwendet wurden, mußten sich die Limousinen fast ausnahmslos einen radikalen Umbau gefallen lassen. Die Masse der Viertüren-Limousinen verwandelte man in behelfsmäßige Funk- oder Meßstellen-Kraftwagen Kfz. 15. Zu diesem Zweck erhielten sie am Heck einen großen Gerätekasten, das Dach über den Rücksitzen wurde aufgeschnitten und zwecks Wetter- und Staubschutz mit einer einfachen Plane abgedeckt sowie das Reserverad und Antennenfüße auf dem Dach befestigt. Dazu kamen die üblichen Halterungen für Karabiner, Spaten und Kreuzhacke sowie der feldgraumatte Anstrich. Ein solcher Umbau, der nach festem Plan von jedem Karosseriebaubetrieb durchgeführt werden konnte, erforderte nur 3 Arbeitstage. Der Truppe gefielen diese behelfsmäßigen Kfz. 15 zunächst recht gut, auch bewährten sie sich noch einigermaßen in den ersten Monaten des Vormarsches in Rußland, doch als mit dem plötzlichen Wintereinbruch der Schlamm und der Frost kamen, war es bald um alle Ford V8 geschehen, soweit man sie nach Rußland geschickt hatte. Ein kleinerer Teil der Ford V8 Limousinen wurde hinter dem Fahrersitz radikal abgeschnitten und mit einem geschlossenem Holzkasten versehen. Diese Fahrzeuge fanden als Fernsprech- oder Funkkraftwagen Kfz. 17 Verwendung, einige Exemplare aber auch als Kfz. für den mittl. Lautsprecher-Trupp (siehe Bilder unten).

IID-16903

I-32318

Beim Opel Super 6, beim Opel Kapitän und beim Opel Admiral vereinnahmte die Wehrmacht fast nur die Cabriolets. Man traute diesen sehr weichgefederten Autos keine Geländefähigkeit zu, und man fürchtete wohl auch die Anfälligkeit und schwierige Reparatur der damals verwendeten Dubonnet-Vorderradaufhängung. So gab es große Opel Pkw hauptsächlich bei Luftwaffeneinheiten, fast nie aber bei motorisierten Truppenteilen des Heeres. Opel Super 6 Cabriolets wurden meistens zu Kübelwagen umgebaut. Die beiden hier abgedruckten Fotos wurden 1942 auf der Krim aufgenommen. Zeit und Ort lassen darauf schließen, wieviel dieses Auto bis dahin bereits geleistet haben muß. Vielleicht hat man bei der Wehrmacht die Sechszylinder von Opel doch unterschätzt.

Opel Admiral Cabriolet eines Kriegsberichters des Heeres auf einem Feldflugplatz.

Nach Kriegausbruch wurden Kommandeuren und Stäben vielfach schwere Pkw zugewiesen, welche aus Privatbesitz zum Kriegsdienst eingezogen worden waren. Beispiele hierfür sind der von Lecoq mustergültig restaurierte Horch 930 V (Bild oben), der BMW 335 eines Armee-Befehlshabers (Bild Mitte) und der Ford V8 eines Kommandierenden Generals (Bild unten).

	le. gf. Pkw. (4 x 2) Volkswagen Typ 62 1939	le. gf. Pkw. Typ Kl (4 x 2) Volkswagen Typ 82 1940-1945	
Motor		**Bis März 1943**	**Ab März 1943**
Zylinderzahl	4 Zylinder (Boxer) Leichtmetallblock	4 Zylinder (Boxer) Leichtmetallblock	4 Zylinder (Boxer)Leichtmetallblock
Bohrung x Hub	70 x 64 mm	70 x 64 mm	75 x 64 mm
Hubraum	985 ccm	985 ccm	1131 ccm
Leistung	23,5 PS bei 3000 U/min	23,5 PS bei 3000 U/min	25 PS bei 3000 U/min
Drehmoment	6,4 mkg	6,4 mkg	6,8 mkg bei 2000 U/min
Verdichtung	1:5,8	1:5,8	1:5,8
Vergaser	1 Fallstromvergaser Solex 26 VFJ	1 Fallstromvergaser Solex 26 VFJ	1 Fallstromvergaser Solex 26 VFJ
Ventile	Hängend Stoßstangen und Kipphebel Zentrale Nockenwelle Antrieb durch Stirnräder	Hängend Stoßstangen und Kipphebel Zentrale Nockenwelle Antrieb durch Stirnräder	Hängend Stoßstangen und Kipphebel Zentrale Nockenwelle Antrieb durch Stirnräder
Kurbelwellenlager	4	4	4
Kühlung	Luft/Gebläse	Luft/Gebläse	Luft/Gebläse
Druckumlaufschmierung	2,5 Liter Öl	2,5 Liter Öl	2,5 Liter Öl
Batterie	6 V 75 Ah (unter Rücksitz)	6 V 75 Ah (unter Rücksitz)	6 V 75 Ah (unter Rücksitz)
Lichtmaschine	130 W	130 W	130 W
Anlasser	0,4 PS	0,4 PS	0,4 PS
Kraftübertragung	Hecktriebblock. Motor hinter, Getriebe vor der Hinterachse Einscheibentrockenkupplung Stockschaltung Wagenmitte	Hecktriebblock. Motor hinter, Getriebe vor der Hinterachse Einscheibentrockenkupplung Stockschaltung Wagenmitte	
Getriebe	4 Gang	4 Gang	
Übersetzungen	I. 3,60 – II. 2,07 – III. 1,25 – IV. 0,80	I. 3,60 – II. 2,07 – III. 1,25 – IV. 0,80	
Antriebsübersetzung	4,43(7:31)	4,43 (7:31) dazu Vorgelege 15:21 = Gesamtübersetzung 6,2 Sperrdifferential	
Fahrwerk	Zentralrohr-Plattformrahmen Ganzstahlkarosserie	Zentralrohr-Plattformrahmen Ganzstahlkarosserie	
Einzelradaufhängung vorn	Kurbellenker oben und unten 2 Federstäbe quer	Kurbellenker oben und unten 2 Federstäbe quer	
Pendelachse hinten	Längslenker, Federstäbe quer	Längslenker, Federstäbe quer	
Lenkung	Spindel (14,15:1) 2,4 Lenkraddrehungen	Spindel (14,15:1) 2,4 Lenkraddrehungen	
Fußbremse	Mechanisch durch Seilzug Trommel 230 mm 0 x 30 mm	Mechanisch durch Seilzug Trommel 230 mm 0 x 30 mm	
Allgemeine Daten			
Radstand	2400 mm	2400 mm	
Spur	1356/1316 mm	1356/1360 mm	
Gesamtmaße (mit Verdeck)	3750 x 1550 x 1550 mm	3740 x 1600 x 1650 mm	
Reifen	5,00-18	5,25-16 Gelände Für Tropeneinsatz: 200–12 bzw. 690 x 200	
Bodenfreiheit unbelastet	260 mm	290 mm	
Bodenfreiheit belastet	240 mm	275 mm	
Watfähigkeit		450 mm	
Wendekreis-ø	11 Meter	11 Meter	
Fahrzeuggewicht	650 kg	725 kg	
Zuläss. Gesamtgewicht	1100 kg	1175 kg	
Nutzlast	450 kg	450 kg	
Höchstgeschwindigkeit	83 km/h	80 km/h	
Verbrauch/100 km	Straße 9 Liter/100 km	Straße 9 Liter/100 km	
Kraftstofftank	40 Liter (vorn im Wagen)	40 Liter (vorn im Wagen)	
Fahrbereich	Straße 440 km	Straße 440 km	

le. Pkw. Typ K 2 (4 x 4) Volkswagen Typ 128 1941	le. Pkw. Typ K2s (4 x 4) Volkswagen Typ 166 1942-1944	le. gl. Pkw. (4 x 4) Volkswagen Typ 87 1942-1944	le. gl. Pkw. (4 x 2) Volkswagen Typ 82 E – 1943-1945 Typ 51 – 1945-1946
4 Zylinder (Boxer) Leichtmetallblock			
75 x 64 mm			
1131 ccm			
25 PS bei 3000 U/min			
6,8 mkg bei 2000 U/min			
1:5,8			
1 Fallstromvergaser Solex 26 VFJ			
Hängend			
Stoßstangen und Kipphebel			
Zentrale Nockenwelle			
Antrieb durch Stirnräder			
4			
Luft/Gebläse			
2,5 Liter Öl			
6 V 75 Ah (unter Rücksitz)			
130 W			
0,4 PS			
Allrad-Antrieb. Motor hinter, Getriebe vor der Hinterachse		Allrad-Antrieb. Motor hinter,	Hecktriebblock. Motor hinter,
(Wasserfahrt: Dreiflügelige Schiffschraube hochklappbar)		Getriebe vor der Hinterachse	Getriebe vor der Hinterachse
Einscheibentrockenkupplung		Einscheibentrockenkupplung	Einscheibentrockenkupplung
Stockschaltung Wagenmitte		Stockschaltung Wagenmitte	Stockschaltung Wagenmitte
Geländegang und Vorderradantrieb		Geländegang und Vorderradantrieb	
besonderer Hebel		besonderer Hebel	
4 Gang + Geländegang		4 Gang + Geländegang	4 Gang
I. 3,60 – II. 2,07 – III. 1,25 – IV. 0,80		I. 3,60 – II. 2,07 – III. 1,25 – IV. 0,80	I. 3,60 – II. 2,07 – III. 1,25 – IV. 0,80
Gelände 5,86		Gelände 5,86	
Hinterachse 4,43 (7 :31)		Hinterachse 4,43 (7 :31)	4,43 (7:31)
dazu Vorgelege 15:21		dazu Vorgelege 15:21	dazu Vorgelege 15:21
= Gesamtübersetzung 6,2		= Gesamtübersetzung 6,2	= Gesamtübersetzung 6,2
Vorderachse 6,2 (5:31) 2 Sperrdifferentiale		Vorderachse 6,2 (5:31) 2 Sperrdifferntiale	Sperrdifferential
Selbsttragende, schwimmfähige Stahlblech-Wanne		Zentralrohr-Plattformrahmen	
		Ganzstahlkarosserie	
Kurbellenker oben und unten		Kurbellenker oben und unten	
2 Federstäbe quer		2 Federstäbe quer	
Längslenker, Federstäbe quer		Längslenker, Federstäbe quer	
Spindel (14,15:1)		Spindel (14,15:1)	
2,4 Lenkraddrehungen		2,4 Lenkraddrehungen	
Mechanisch durch Seilzug		Mechanisch durch Seilzug	
Trommel 230 mm **0** x 30 mm		Trommel 230 mm **0** x 30 mm	
2400 mm	2000 mm	2400 mm	2400 mm
1356/1360 mm	1220/1230 mm	1356/1360 mm	1356/1360 mm
4200 x 1620 x 1710 mm	3825 x 1480 x 1615 mm	3850x1540x 1630 mm	4060 x 1570 x 1640 mm
5,25 – 16 Gelände	5,25 – 16 Gelände oder	5,25-16 Gelände	5,25-16 Gelände
	für Tropeneinsatz 200 – 12		
265 mm	265 mm	265 mm	290 mm
245 mm	245 mm	245 mm	275 mm
schwimmfähig	schwimmfähig	450 mm	450 mm
Freibord 355 mm, Tiefgang 800 mm	Freibord 350 mm, Tiefgang 770 mm		
Straße 11,5 – Wasser 18,5 m	Straße 1 - Wasser 16 Meter	11,5 Meter	11,5 Meter
900 kg	910 kg	820 kg	755 kg
1350 kg	1345 kg	1240 kg	1175 kg
450 kg	435 kg	420 kg	420 kg
Straße 80, Wasser 10 km/h	Straße 80, Wasser 10 km/h	80 km/h	80 km/h
Straße 9,5 Liter/100 km	Straße 9,5 Liter/100 km	Straße 9,5 Liter	Straße 9,5 Liter
Wasser 10 Liter/Stunde	Wasser 10 Liter/Stunde		
42 Liter (vorn im Wagen)	2 x 25 Liter (vorn im Wagen)	40 Liter (vorn im Wagen)	40 Liter (vom im Wagen)
Straße 440 km	Straße 520 km	Straße 420 km	Straße 420 km

1939 entwickelte Professor Porsche aus dem normalen VW den Kübelwagen Typ 62. Eine Versuchsserie dieses Baumusters wurde hart erprobt. Als endgültige Ausführung erschien dann der VW-Kübelwagen Typ 82, kenntlich an der hochbeinigen Bauart und dem auf der Wagenfront aufliegenden Reserverad. Der Typ 82 wurde zum meistgebauten und wohl auch besten Pkw der Wehrmacht. – Mit Produktionszahlen war man damals noch bescheiden. Wagen Nr. 5000 ging übrigens nach Afrika, wie man an den Sandreifen sieht.

Bild oben links: Für den Halbketten-Kübel Porsche Typ 155 wurden vier Kettenlaufwerke erprobt. Hier abgebildet ist die Schneeraupe III, fotografiert im September 1942. Keine Halbkette für VW ging in Serie. Bild oben rechts: Mittels einer Zusatzausrüstung war der VW-Kübel als Schienenfahrzeug verwendbar. Bild unten links und rechts: Versuche, den VW-Kübel für den russischen Winter noch fahrtüchtiger zu machen.

Von Briten erbeuteter und wiederverwendeter VW-Kübelwagen auf Rhodos im Jahr 1945. Dieser leichte Geländewagen wurde ab 1942 hergestellt und bewährte sich hervorragend. (Hawkins Trevor, Imperial War Museum, © PD).

In Nordafrika konnte der VW Kübelwagen seine Vorteile voll ausspielen und erlangte dadurch Weltruhm. (Bundesarchiv Bild 101I-784-0228-29A, Moosmüller, © CC-BY-SA-30 / Bundesarchiv Bild 101I-786-0305-19, Otto, © CC-BY-SA-3.0).

VW Kübelwagen als Spähwagen in Nordfrankreich, 1944. Das Erfolgsgeheimnis dieses Geländewagens: Er war leicht und unkompliziert gehalten. (Bundesarchiv Bild 101I-301-1960-21, Genzler, © CC-BY-SA-30 / Bundesarchiv Bild 101I-720-0305-02A, Vennemann, © CC-BY-SA-30 / Bundesarchiv Bild 101I-301-1960-24, Genzler, © CC-BY-SA-3.0).

Bild links unten: VW Kübelwagen bei der Feldgendarmerie in Russland während des Unternehmens »Zitadelle« im Jahr 1943. Das Fahrzeug war zuverlässig und anspruchslos. (Bundesarchiv Bild 101I-022-2926-07, Wolff, © CC-BY-SA-3.0).

Bild rechts unten: Mit dem VW Kübelwagen 1943 in Russland. Sein luftgekühlter Motor trotzte Kälte wie Hitze. (Bundesarchiv Bild 101I-635-3962-30A, Trapp, © CC-BY-SA-3.0)

VW Kübelwagen mit Insassen.

VW Kübelwagen im Einsatz beim Afrika Korps in Tunesien.

Fallschirmjäger mit VW Kübelwagen in Frankreich 1940.

VW Kübelwagen mit plattem Reifen.

Kampfgruppe mit VW Kübelwagen im Gelände.

Von US-Amerikanern erbeuteter VW Kübelwagen ohne Ersatzreifen auf der Haube.

VW Kübelwagen im Jahr 1944.

Die erste Serie von 30 Stück Schwimmwagen (Typ 128) lieferte das Volkswagenwerk im Jahr 1941, wobei hier zum ersten Mal der 1131 ccm-Motor Anwendung fand. Diese Schwimmwagen, einigen Pioniereinheiten zugeteilt, waren größer und geräumiger als die spätere endgültige Ausführung des berühmten Typs 166, von welchem in den Jahren 1942 bis 1944 die beachtliche Zahl von 14 283 Stück gebaut wurden. Der VW-Schwimmwagen, ursprünglich als Kradschützenwagen bezeichnet, wurde zwar gefechtsweise wohl nur selten zum Schwimmen eingesetzt, aber er blieb wegen seiner außergewöhnlichen Geländegängigkeit hochgeschätzt.

Die VW-Limousine Typ 87, von der es nur 564 Stück gab, lief hauptsächlich beim Afrika-Korps. Sie war außer dem Schwimmwagen der einzige VW mit Allrad-Antrieb.

Die VW-Limousine Typ 82 E besaß zwar keinen Allrad-Antrieb, doch immerhin das hohe Fahrgestell des VW-Kübelwagens. Diese Limousine wurde (gegen Bezugschein) auch nach dem Kriegsende noch eine Zeitlang geliefert.

VW Schwimmwagen in Italien.

VW Schwimmwagen beim Einsatztest im Wasser.

Ansicht des VW Schwimmwagens von schräg hinten.

Eine ganze Fahrzeugkolonne an VW Schwimmwagen beim Durchqueren eines Gewässers.

VW Schwimmwagen auf verschneitem Gelände mit verladenen Panzern im Hintergrund.

Von Amerikanern erbeuteter und zum Erste-Hilfe-Fahrzeug umfunktionierter Schwimmwagen.

Mercedes-Benz Typ L 1500 A (1941-1943) Mannschaftswagen (1+6 Sitze).

Wehrmachtsoffiziere 1943 im Mercedes-Benz L 1500 A in Russland. Meist wurde dieses Fahrzeug als Mannschaftswagen verwendet. (Bundesarchiv Bild 101I-732-0117-06, © CC-BY-SA-3.0)

	s.gl.Pkw. / le.gl.Lkw. (4 x 4) Mercedes-Benz Typ 1500 A 1941-1943	s.gl.Pkw. / le.gl.Lkw. (4 x 4) Steyr Typ 1500 A 1941-1944	s.gl.Pkw. / le.gl.Lkw. (4 x 4) Phänomen Granit 1500 A 1941-1943
Motor	Daimler-Benz M 159	Steyr V8-3,5 l	Phänomen Granit 27
Zylinderzahl	6 (Reihe)	V8 (90°-V-Form)	4 (Reihe)
BohrungxHub	80 x 86 mm	78 x 92 mm	85 x 118 mm
Hubraum	2594 ccm	3517 ccm	2678 ccm
Leistung	60 PS bei 3000 U/min	85 PS bei 3000 U/min	50 PS bei 2800 U/min
Drehmoment		20 mkg bei 2000 U/min	16 mkg bei 1500 U/min
Verdichtung	1 :6,3	1:5,8	1 :5,3
Vergaser	1 Doppel-Fallstromvergaser	1 Fallstromvergaser	1 Fallstromvergaser
	Solex 32 FFJPII	Solex 40JFPII	Solex 32 FJ II
Ventile	Hängend	Hängend	Seitlich stehend
	Seitliche Nockenwelle	Zentrale Nockenwelle	Seitliche Nockenwelle
	Antrieb durch Stirnräder	Antrieb durch Duplex-Kette	Antrieb durch Duplex-Kette
Kurbelwellenlager	4	5	3
Kühlung	Wasser/Pumpe	Luft/Gebläse	Luft/Gebläse
Batterie	12 V 62,5 Ah	12 V 90 Ah	12 V 62,5 Ah
Lichtmaschine	130 W	150 W	130 W
Anlasser	0,6 PS	1,8 PS	1 PS
Kraftübertragung	Allrad-Antrieb	Allrad-Antrieb	Allrad-Antrieb
	Bei Straßen-Übersetzung	Abschaltbarer Vorderrad-Antrieb	
	nur Antrieb auf Hinterräder	1 Sperrdifferential	
	2 Sperrdifferentiale		
Kupplung	Einscheibentrockenkupplung	Einscheibentrockenkupplung	Einscheibentrockenkupplung
Getriebe	4 Gang + Vorgelege	4 Gang + Vorgelege	4 Gang + Vorgelege
Schaltung	2 Schalthebel Wagenmitte	2 Schalthebel Wagenmitte	2 Schalthebel Wagenmitte
Synchronisierung	Ohne	Ohne	Ohne
Übersetzungen Getriebe	I. 6,38	I. 4,00	I. 6,09
	II. 3,63	II. 2,10	II. 3,09
	III. 1,83	III. 1,24	III. 1,71
	IV.1,00	IV. 0,805	IV. 1,00
Übersetzungen Vorgelege	Straße 1,00	Straße 1,68	Straße 1,04
	Gelände 1,41	Gelände 3,60	Gelände 1,80
Antriebs-Übersetzung	6,31	3,89	5,67
Fahrwerk	Kastenprofil-Rahmen	Kastenprofil-Rahmen	Kastenprofil-Rahmen
Vorderradaufhängung	Starrachse, Halbfedern	Doppel-Querlenker	Starrachse, Halbfedern
		je 1 Federstab längs	
Hinterradaufhängung	Starrachse, Halbfedern	Starrachse, Halbfedern	Starrachse, Halbfedern
Lenkung	Schnecke ZF-Roß	Schnecke ZF-Roß	Schnecke ZF-Roß
Fußbremse	Hydraulisch	Hydraulisch-Zweikreis	Hydraulisch
	4 Räder	4 Räder	4 Räder
Handbremse	Seilzug, Hinterräder	Seilzug, Hinterräder	Seilzug, Hinterräder
Allgemeine Daten	**Mannschaftswagen**	**Mannschaftswagen**	**Mannschaftswagen**
Radstand	3000 mm	3250 mm	3270 mm
Spur vorn/hinten	1575/1634 mm	1458/1572 bzw. (mit	1532/1618 mm
Reifen	190-20 Gelände	190-20 oder 7,25-20 Gelände	190-20 Gelände
		Für Tropeneinsatz: 270 -16	Für Tropeneinsatz: 270 -16
Bodenfreiheit	240 mm	275 mm Mit Tropenreifen: 245 mm	257 mm
Watfähigkeit	700 mm	700 mm	575 mm
Wendekreis-ø	14 Meter	13 Meter	13,5 Meter
Fahrzeuggewicht	2390 kg	2500 kg	2215 kg
Zuläss. Gesamtgewicht	Straße 4080, Gelände 3850 kg	4160 kg	3650 kg
Nutzlast	Straße 1410, Gelände 1200 kg	1675 kg	1400 kg
Höchstgeschwindigkeit	Straße 84, Gelände 60 km/h	Straße 90, Gelände 45 km/h	Straße 80, Gelände 45 km/h
Verbrauch/100 km	Straße 19, Gelände 30 Liter	Straße 24, Gelände 36 Liter	Straße 19, Gelände 30 Liter
Kraftstofftank	70 Liter (unter Fahrersitz)	100 Liter (im Motorraum)	72 Liter (unter Fahrersitz)
Fahrbereich	Straße 370, Gelände 230 km	Straße 400, Gelände 280 km	Straße 370, Gelände 230 km

Mercedes-Benz Typ L 1500 A (1941-1943) Mannschaftswagen (1 + 6 Sitze).

Mercedes-Benz Typ L 1500 A mit Kofferaufbau für Nachrichten-Kfz.

Mercedes-Benz Typ L 1500 A Cabriolet. Im Frühjahr 1942 ließ die Waffen-SS bei Erdmann & Rossi (Berlin) zwei Musterwagen dieser Ausführung herstellen. Ein Anschlußauftrag erfolgte nicht.

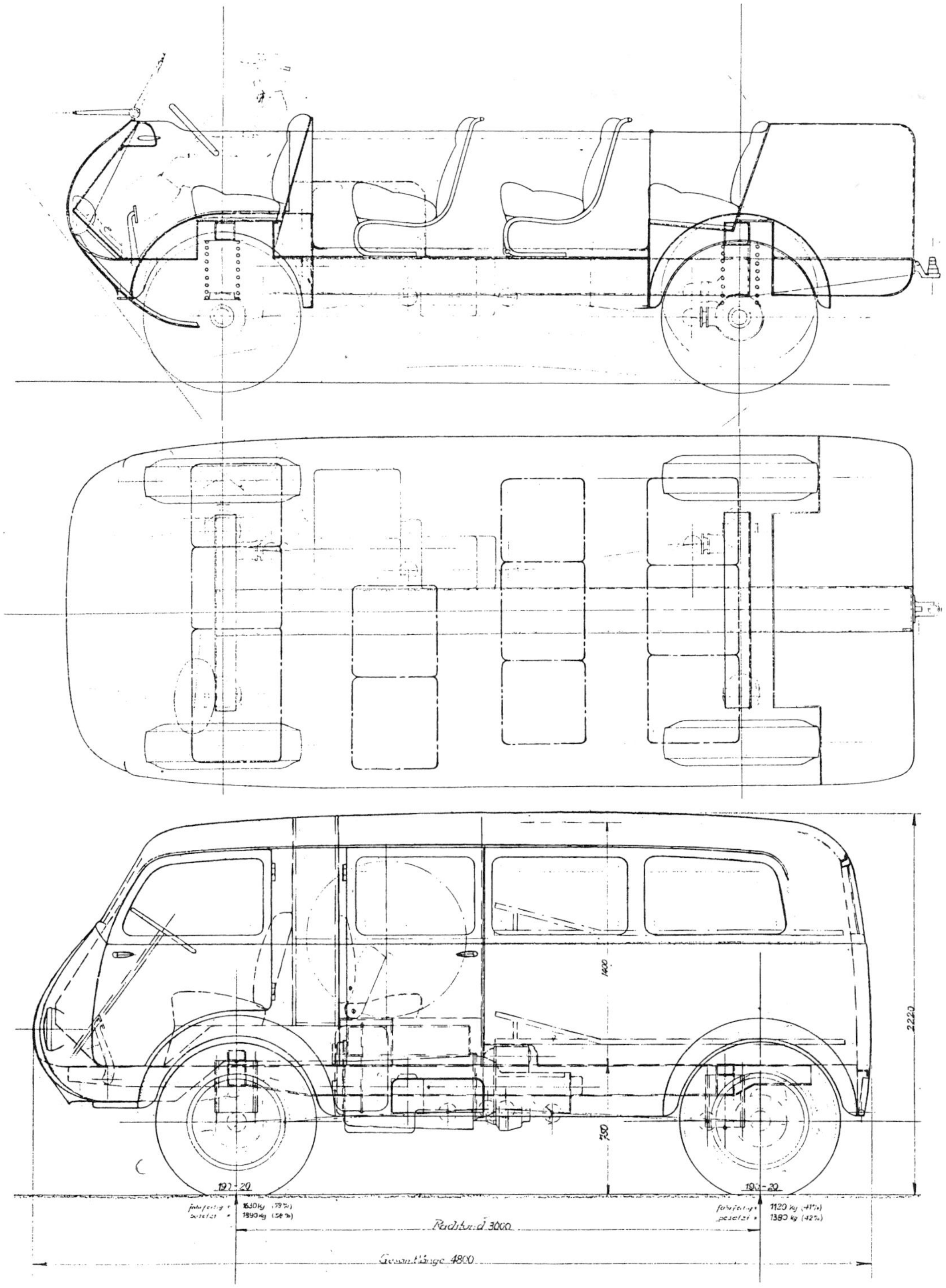

Bereits 1942 begann Daimler-Benz mit der Planung eines Nachfolgers für den Typ L 1500 A. Vorgesehen war ein Frontlenker mit Motor hinter dem Beifahrersitz. Dabei untersuchte man zwei Möglichkeiten, nämlich einen wassergekühlten, seitlich geneigten 4 Liter V8-Motor oder einen luftgekühlten, liegend eingebauten 4 Liter Sechszylinder-Reihenmotor. Allrad-Antrieb. Radstand 3000 mm. Typ G 6 mit 1,5 to bzw. Typ G 6 a mit 2,5 to Nutzlast. Die Skizzen zeigen die Entwürfe für einen Mannschaftswagen (1+10 Sitze) und für einen Sanitätskraftwagen. Der Typ G 6 wurde jedoch niemals realisiert.

Steyr Typ 1500 A/01
Mannschaftswagen
Modell 1941-1942.

Steyr Typ 1500 A/1
Mannschaftswagen
Modell 1942-1944.

Rechte Seite, rechte Spalte:

Im Westen, vor allem in Holland, verfügte die Wehrmacht noch über viele schwere Zivil-Pkw, amerikanischer und englischer Herstellung. Weil dafür keine Ersatzteile vorhanden waren, bestimmte man sie schließlich für den einmaligen Einsatz im Falle einer Invasion. In einer 1944 durchgeführten Aktion entfernte man von diesen Fahrzeugen den gesamten Aufbau außer Fahrersitz und Frontscheibe. Dahinter wurden in Längsrichtung zwei Holzbänke für zusammen 6 bis 8 Mann angebracht. Diese Einweg- oder Wegwerf-Autos waren eine für die Endphase des Krieges bezeichnende Notmaßnahme.

1. Bild von oben:
Umgebauter Chevrolet 1937.

2. Bild von oben:
Umgebauter Wehrmacht-Mannschaftswagen beim Rückzug aus der Stadt Amsterdam.

3. Bild von oben:
Ein umgebauter Ford V8 deutscher Herstellung, aber vermutlich im Westen erbeutet. Fotografiert 1945 in Holland.

4. Bild von oben:
Belgische Soldaten in einem umgebauten Buick 1938, den die Wehrmacht zurückgelassen hatte.

Steyr Typ 1500 A/02 Kommandeurwagen (ältere Ausführung, Reserveräder außen) Modell 1941-1942.

Steyr Typ 1500 A/02 Kommandeurwagen (neuere Ausführung) Modell 1942-1944.

Phänomen Granit 1500 A Mannschaftswagen (mit Tropen-Reifen) 1942-1943.

Lastkraftwagen als Gefechts- und Nachschub-Fahrzeuge

Ursprünglich bestand die wichtigste Aufgabe des Lastkraftwagens beim Militär darin, die ständig steigenden Anforderungen an den Nachschub leichter bewältigen zu helfen. Im deutschen Kaiserreich wie auch in anderen Ländern versuchte man schon vor dem ersten Weltkrieg, mittels Subventionen die Wirtschaft zur Verwendung von Lastautomobilen zu veranlassen, welche militärtauglich waren und somit im Kriegsfall zahlreich zur Verfügung stehen sollten. Die Richtlinien, die für den Bau von Subventions-Lastwagen galten, zielten freilich kaum darauf ab, die Fahrzeuge geländefähig oder gar gefechtsbrauchbar zu machen. Vielmehr strebte man lediglich nach einer Typisierung, um das heereseigene Reparatur- und Ersatzteilwesen zu vereinfachen.

Indes gab es auch im ersten Weltkrieg bereits Lastkraftwagen, die für Gefechtszwecke bestimmt waren. Soweit es sich um Sonderkonstruktionen handelte, wie die Plattform- und Geschützkraftwagen mit Allrad-Antrieb, waren sie noch sehr teuer, schwer und schwerfällig. Schon damals setzte man aber auch leichte Geschütze, insbesondere zur Ballon- oder Tankabwehr, auf die Ladefläche normaler Lastwagen. Zwar geschah dies mehr oder weniger behelfsmäßig, doch jene »Selbstfahrlafetten« erfüllten durchaus ihren Zweck.

Die Reichswehr stand in den ersten Jahren ihres Bestehens vor anderen und wohl auch vordringlicheren Problemen, als daß sie sich um den Bau spezieller Militär-Lastwagen hätte kümmern können. Das änderte sich, als 1926 ihr erstes Motorisierungsprogramm vorlag. In diesem Rahmen veranlaßte man die Automobilindustrie zur Entwicklung dreiachsiger Geländewagen, und zwar in drei Größenklassen: Schwere Personenkraftwagen mit etwa 3/4 to Nutzlast, leichte Lastkraftwagen mit etwa 1,5 to Nutzlast und mittelschwere Lastkraftwagen mit etwa 3 to Nutzlast. Über die schweren Gelände-Pkw, welche bei den Firmen Horch, Daimler-Benz und Selve entwickelt wurden, berichtete das vorige Kapitel dieses Buches.

Mit der Entwicklung von 1,5 to Gelände-Lastwagen befaßten sich die Firmen Daimler-Benz, Büssing und Magirus. Die Modelle aller drei Marken sahen sowohl äußerlich als auch technisch recht ähnlich aus. Sie wurden während der folgenden Jahre in einer für damalige Verhältnisse ziemlich großen Stückzahl gebaut, nämlich vom Mercedes-Benz Typ G 3a etwa 2000, vom Büssing-NAG Typ G 31 etwa 2300 und vom Magirus Typ M 206 etwa 1150 Einheiten. Hauptsächlich als Fernsprech- und Funkwagen verwendet, blieben diese Fahrzeuge bis Ende 1941 und einige noch länger im Einsatz. Sie verrichteten trotz ihres dann schon hohen Konstruktions- und Baualters, das manche Mängel mit sich brachte, treu und zuverlässig ihren Dienst.

Mit dem Bau von mittelschweren Sechsrad-Gelände-Lastwagen der 3 to-Nutzlast-Klasse befaßten sich zunächst ebenfalls drei Firmen, nämlich Henschel, Büssing und Krupp, zu denen sich später noch Daimler-Benz gesellte. Die drei erstgenannten Marken traten mit ihren Baumustern 1928 in Erscheinung, die Serienproduktion der endgültigen Ausführungen begann dann 1931. Vom Büssing-NAG Typ 3 GL 6 wurden rund 300 Stück gebaut und vom großen Krupp-Geländewagen vermutlich etwa ebenso viele. Der Mercedes-Benz Sechsrad-Dreitonner brachte es auf 7434 Stück, von denen allerdings ein wesentlicher Teil exportiert worden sein dürfte, denn bei der Wehrmacht war dieses Modell verhältnismäßig selten zu sehen. Das deutsche Heer hatte sich nämlich hier zum erstenmal weitgehend auf einen Einheitstyp festgelegt, zu welchem der Henschel Typ 33 D 1 (bzw. Typ 33 G 1 mit Dieselmotor) ausgewählt worden war. Dieser Wagen ist später jahrelang lizenzweise auch bei Magirus (mit Deutz-Dieselmotor) gebaut worden, und zwar etwa 3800 Einheiten, während die Produktionszahl bei Henschel selbst 22 000 Stück betrug. Diese vor allem bei den Pionieren zahlreich eingesetzten Dreitonner zeichneten sich konstruktiv und fertigungsmäßig durch hohe Qualität aus. Allerdings galten sie als »Nägelsammler«, denn Nägel, die der mittlere Reifen hochwarf, faßte der letzte bestimmt. Im übrigen erwies sich später in Rußland die Geländegängigkeit der Henschel Dreitonner als ungenügend. Für Lastkraftwagen dieses Gewichts wäre Allrad-Antrieb notwendig gewesen, und vor allem versagten sie im Schlamm wegen des viel zu hohen Verdrängungs-Widerstands der zwillingsbereiften Hinterachsen. Daß man mit derart ungünstigen Fahrbedingungen rechnen muß, war allerdings zur Zeit der Konstruktion dieser Fahrzeuge kaum voraussehbar.

Ein Sonderfall ist die sogenannte Krupp-Protze. Der Name rührt daher, daß sie hauptsächlich als Protzenwagen für leichte Geschütze eingeplant wurde. Dieses Modell war zunächst wohl als schwerer Gelände-Pkw gedacht und entwickelt gewesen, doch gewann es schließlich mehr den Charakter eines leichten Gelände-Lastwagens. Die Krupp-Protze, 1934 bis 1942 in Produktion, zeichnete sich zur Zeit ihrer Entstehung gegenüber den bereits vorhandenen, noch durchweg stockkonservativen Dreiachs-Konstruktionen deutscher Bauart durch eine geradezu geniale Fortschrittlichkeit aus. Allerdings war der Wagen auch 5 Jahre jünger als alle anderen, und überdies fiel seine Entstehung in eine Zeit, in der man sich bereits daran gewöhnt hatte, mit Einzelaufhängung der Räder (»Schwingachsen«), mit gegenläufigen Kolben (»Boxermotor«) und mit Luft- statt Wasserkühlung zu arbeiten. Außerdem gab es inzwischen die viel beachteten Sechsrad-Geländewagen von Tatra, Steyr und Austro-Daimler, wobei jedoch in bemerkenswertem Gegensatz zu diesen tschechischen und österreichischen Modellen die Krupp-Protze statt der (damals in hohem Ansehen stehenden) Pendelachsen für die Hinterräder fast spurkonstante Doppelquerlenker-Aufhängungen besaß, und überdies war zum erstenmal bei einem deutschen Sechsrad-Geländewagen die Zwillingsbereifung vermieden worden. Beide Merkmale sollten sich bald als entscheidende Vorzüge erweisen. Jedenfalls gewann der Krupp mit der abfallenden, sichtgünstigen Motorhaube bei den Soldaten große Popularität, denn dieses Fahrzeug gehörte, obwohl es durchaus auch typische Fehler hatte, zu den besten, die der Fronttruppe zur Verfügung standen. Im übrigen blieb die Krupp-Protze im deutschen Heer das einzige Sechsrad-Fahrzeug dieser Größen- und Gewichtsklasse. An seine Stelle traten später der schwere Einheits-Pkw und während der letzten Kriegsjahre die 1500 A-Typen der Firmen Daimler-Benz, Steyr und Phänomen.

Als nach 1933 die Aufrüstung der Reichswehr zur Wehrmacht erfolgte, strebte man an, die Masse des heereseigenen Kraftfahrzeugparks aus möglichst wenigen Einheits-Typen zu bilden. Deren konstruktive Merkmale legte das Heereswaffenamt fest. Es entstand eine Baureihe, welche die leichten, mittleren und schweren Einheits-Pkw sowie den leichten Einheits-Lkw (»Einheits-Diesel«) umfaßte. Im Gegensatz zu den Einheits-Pkw gelang jedoch beim Einheits-Diesel die Vereinheitlichung bis zur letzten Konsequenz: Hier wurde von allen Herstellerfirmen (MAN, Büssing-NAG, Magirus, Henschel, Krupp, Borgward, Faun) auch der gleiche Motor gebaut bzw. verwendet. Im Rahmen der Gemeinschafts-Entwicklung war seinerzeit die MAN für den Einheits-Diesel-Motor federführend gewesen, weshalb er nach dem bei der MAN gebräuchlichen Dieselverfahren arbeitete. Federführend für das Fahrgestell des Einheitswagens war Henschel. Wie alle Einheits-Typen der Wehrmacht geriet auch dieser Lkw recht schwer bzw. seine Nutzlast relativ gering. Dennoch handelte es sich um ein ganz hervorragendes Fahrzeug, ohne Zweifel das beste unter den damaligen Einheits-Kfz. Der Einheits-Diesel war besser als alle vergleichbaren Typen auf russischer oder westlicher Seite. Nur hatten wir leider viel zu wenige davon!

Der Einheits-Lastwagen war so ausgelegt, daß er in zwei-, drei- oder vierachsiger Ausführung hätte gebaut werden können, stets mit Allrad-Antrieb, mit Einzelradaufhängung und Schraubenfedern sowie mit rundum auswechselbaren Fahrwerksteilen. Von Prototypen und Versuchsfahrzeugen abgesehen, wurde jedoch ausschließlich der Dreiachser mit 2,5 to Nutzlast gebaut, und nur in dieser Auführung war der Einheits-Diesel allgemein bekannt. Er besaß 6 Laufräder, also keine Zwillingsreifen, und anfangs dienten bei einem Teil der Fahrzeuge zwei seitliche Reserveräder als drehbare Stützräder. Meistens sah man den Einheits-Diesel als Lkw mit Niederflur-Stahlblechwanne und Planenverdeck, mit geschlossenem Aufbau als Funk-, Fernsprech- bzw. A-Wagen oder mit offenem Aufbau und Gerätekasten als großen Fernsprechbau- oder als Meßstellen-Kraftwagen. Einheiten, die zu kleinen Häuflein zusammengeschmolzen waren, pflegten ihren letzten Einheits-Diesel, sofern sie glücklicherweise einen übrig behalten hatten, als Küchenwagen zu verwenden, denn der war für die leidgeprüften Landser schließlich und endlich das wichtigste Fahrzeug.

Die überdurchschnittliche Geländetüchtigkeit gehörte zu den hervorstechendsten Merkmalen des Einheits-Diesel. Er fuhr selbst während der gefürchteten Schlammperioden in Rußland oft noch mit eigener Kraft, wo außer den Kettenfahrzeugen längst kein anderer Wagen mehr vorankam. Dazu war der Einheits-Diesel recht einfach sowie ohne viel Mühe und Kraftaufwand zu bedienen, er war zuverlässig bei jeder Witterung, leistungfähig, wendig, ausdauernd und robust, mit dem Vorbehalt freilich, daß man ihm keine Überladung zumutete, denn dagegen war er empfindlich. Wichtig war die sorgfältige Pflege des Wagens, die zwar zeitraubend, aber nicht schwierig war, was auch für etwaige Reparaturen galt. Doch gehörte es ja gerade zu den musterhaften Tugenden des Einheits-Diesel, daß er überhaupt keine Reparaturen brauchte, denn er ging nicht kaputt, es sei denn durch Beschuß, unvernünftige Überladung oder unsachgemäße Behandlung. Mitte 1940 wurde bei allen Firmen der Bau des Einheits-Diesel-Lastwagens wegen seiner zu geringen Nutzlast eingestellt. Diese Begründung stimmte im Prinzip, aber es war kein besseres Nachfolgemodell vorhanden.

Zu Beginn des Jahres 1940 verfügte das Heer über einen Bestand von etwa 120 000 Lkw. Aus der Neuproduktion der Automobilindustrie wurden monatlich nur 1000 Stück übernommen, womit nicht einmal der normale Verschleiß ersetzt werden konnte, um gar nicht von den Verlusten zu reden, welche bei den bevorstehenden Krieghandlungen zu erwarten waren. Überwiegend handelte es sich bei den Lastkraftwagen, mit welchen die Wehrmacht ihre Feldzüge von 1939 bis 1941 bestritt, um sogenannte Ergänzungsfahrzeuge aus der privaten Wirtschaft oder aus Beutebeständen. Ein großer Teil dieser Lkw wiederum, der bereits zu den älteren Vorkriegs-Baujahren zählte, war – von gelegentlichen Ausnahmen abgesehen – spätestens nach der Katastrophe des Winters 1941/42 nicht mehr vorhanden. Von nun an bestand bei der Fronttruppe die Masse der Lastkraftwagen zwar weiterhin aus handelsüblichen Modellen, doch hatte inzwischen das Schell-Programm bereits eine gewisse Wirksamkeit erlangt, so daß die Zahl der Produktionstypen wohl immer noch recht groß, aber nun doch einigermaßen überschaubar war. Folgende Modelle aus der friedensmäßigen Fertigung der einzelnen Firmen wurden auf mehr oder weniger lange Zeit sowie in mehr oder weniger großer Stückzahl in die Kriegsproduktion übernommen:

Lkw. 1,5 to	**Lkw. 3 to**	**Lkw. 4,5 to**	**Lkw. 6 to.**
Opel-Blitz (S)	Opel-Blitz (S/A)	Mercedes (S/A)	Mercedes (S)
Phänomen (S)	Ford V8 (S)	MAN (S/A)	MAN (S)
Steyr (A)	Borgward (S/A) Mercedes (S/A) Magirus (S/A) MAN (S)	Büssing-NAG (S/A) **Einheitstyp der Frankfurter Arbeitsgemeinschaft:** Saurer (S) Henschel (S) Magirus (S)	Krupp (S) Vomag (S)

Als S-Typen wurden die jeweiligen Standardausführungen bezeichnet, während die ansonsten baugleichen A-Typen Allrad-Antrieb besaßen. Dabei mußten in die S-Typen die für den Allrad-Antrieb notwendigen Triebwerksteile ohne besondere Schwierigkeiten nachträglich eingebaut werden können, wovon aber in der Praxis offenbar selten oder nie Gebrauch gemacht wurde.
Während die Produktion von Krafträdern und Personenwagen beträchtlich eingeschränkt wurde, versuchte man die Herstellung der dringend benötigten Lastwagen – trotz teilweiser Inanspruchnahme der Kapazitäten für andere Kriegserzeugnisse – wenigstens zu halten. 1938 waren 88 000 Lkw gebaut worden, die zu 26 % an die Wehrmacht gingen. 1939 wurde mit 102 000 Stück die höchste Produktion erreicht, wogegen sie dann bis 1943 etwa 70 000 bis 80 000 Stück jährlich betrug. Davon standen 80 % der Wehrmacht und 20 % der Kriegswirtschaft zur Verfügung. Aus heutiger Sicht sehen diese Zahlen bescheiden aus, doch für die damalige Kapazität der Automobilfabriken und unter den kriegsbedingten Schwierigkeiten bedeuteten sie eine gewaltige industrielle und organisatorische Leistung.
Der Wichtigkeit nach und dementsprechend auch zahlenmäßig kam den 3 to-Lkw die bei weitem größte Bedeutung zu, denn sie ließen sich sowohl bei der Wehrmacht als auch im Rahmen der Kriegswirtschaft am vielseitigsten verwenden. Unter den Fabrikaten dieser Größenklasse bewährte sich der Opel-Blitz am besten. Es war der einzige der vielen für die Wehrmacht gebauten Kraftfahrzeugtypen, der seit der Vorkriegszeit bis zum bitteren Ende 1945 in der Produktion behalten wurde. Etwa 100 000 Opel-Blitz Dreitonner gingen an die Wehrmacht, mehr als von jedem anderen Modell, doppelt so viele als beispielsweise vom VW-Kübel. Der Opel-Blitz erwies sich an allen Fronten wahrhaftig als »der Zuverlässige«, und überdies verfügte er als A-Typ trotz zwillingsbereifter Hinterräder über eine hervorragende Geländegängigkeit. (An dieser Stelle sei der Hinweis eingeflochten, daß entgegen früherer und selbst heute noch weitverbreiteter Ansicht ein Wagen mit starren Achsen jenem mit unabhängiger Radaufhängung an Geländegängigkeit absolut überlegen sein kann, sofern der letztere nicht zusätzlich einen nur mit hohem Konstruktionsaufwand zu erreichenden und deshalb bislang in Serie nie angewendeten Federungsausgleich besitzt.) Ein gutes, vor allem robustes Fahrzeug war auch der Klöckner-Deutz-Magirus, und ebenfalls zufrieden konnte man mit den MAN und Borgward Dreitonnern sein. Hingegen litt der sensible Mercedes L 3000 mehr als seine Konkurrenten unter den Strapazen Rußlands, und am meisten galt dies für den Ford, dessen Motor vor dem Kriege zwar im V8-Personenwagen anstandslos lief, hingegen schon in den damaligen Ford V8 Lastwagen viel Kummer bereitete.
Selbstverständlich lag der Gedanke nahe, bei allen Lastwagenfirmen nur noch ein oder zwei bewährte Typen bauen zu lassen, und zwar ohne Rücksicht auf deren Herkunft. Die Umstellung hätte jedoch bei den einzelnen Werken monatelangen Produktionsausfall gekostet, was man eben nicht gern hinnehmen wollte. Dennoch ordnete Hitler im Juni 1942 an, daß im Werk Mannheim der Daimler-Benz AG. die Umstellung der Produktion vom eigenen Dreitonner auf den Opel-Blitz sofort einzuleiten sei. Dessen Fertigung begann dort (nach lange hinhaltendem Widerstand!) am 20. Juli 1944, nur wenige Tage vor dem 6. August 1944, an welchem 40 Liberator-Bomber aus 8000 Meter Höhe die Montagehalle des Opel-Lastwagenwerks in Brandenburg bei hellichtem Tage in einem nur wenige Minuten dauernden, aber unheimlich präzisen Luftangriff zerstörten. Diese bis dahin größte europäische Lastwagenfabrik, die im Juli mit 2500 Dreitonnern gerade ihr Produktionsziel erreicht hatte, wurde wieder aufgebaut und mit neuen italienischen Werkzeugmaschinen ausgerüstet. Als man dies geschafft hatte und die Herstellung von Lastwagen weitergehen sollte, war der Krieg zu Ende. Das Werk wurde von der sowjetischen Besatzung einschließlich der Gebäude völlig demontiert. – Die bei Daimler-Benz hergestellten Opel-Blitz trugen keinerlei Markenzeichen oder Schriftzug. Zu erkennen waren sie je-

doch an dem eckigen Einheits-Fahrerhaus aus Holz, während die Lastwagen aus der Brandenburger Opel-Produktion bis zuletzt das Original-Fahrerhaus aus Stahlblech besaßen. Der Opel-Blitz sollte übrigens auch bei Borgward gebaut werden, nachdem 1944 die dortige Lkw.-Produktion durch einen Fliegerangriff ohnehin für einen längeren Zeitraum unterbrochen war. Die Vorbereitungen für den Nachbau des Opel-Blitz 3 to waren bei Borgward bis Kriegsende so gut wie abgeschlossen. Geplant, aber niemals ausgeführt wurde ferner die Einrichtung einer Opel-Lastwagenfabrik in Riga.

Die in der Kriegsproduktion verbliebenen 4,5 to-Typen der Firmen Daimler-Benz, MAN (samt deren Fertigung bei der österreichischen Automobil-Fabrik ÖAF) und Büssing-NAG hatten stückzahlmäßig geringere Bedeutung, bewährten sich aber alle ganz hervorragend. Im Zuge der Rüstung strebte man naturgemäß auch in dieser Klasse nach einer gewissen Vereinheitlichung, weshalb 1939 unter dem Namen »Arbeitsgemeinschaft für Lastkraftwagen« ein Einheitsbüro in Frankfurt eingerichtet wurde, dem die Firmen Klöckner-Deutz-Magirus, MAN mit ÖAF, Henschel und Saurer angehörten, wobei allerdings die MAN-Gruppe bald wieder ausschied, nachdem sie ihr technisches Konzept nicht durchzusetzen vermochte. Als Gemeinschaftskonstruktion der Firmen KHD, Henschel und Saurer entstand schließlich der 4,5 Tonner GS 4500 bzw. GA 4500, der jedoch von den drei Firmen nur in geringer Stückzahl aufgelegt wurde. Saurer mußte schließlich statt dessen den Mercedes L 4500 A in Lizenz nachbauen. Ein 6,5 Tonner, den das Einheitsbüro ebenfalls entwickelte, kam überhaupt nicht zur Produktion. Die Herstellung der handelsüblichen 6,5 to Lkw bei Daimler-Benz, MAN, Krupp und Vomag war minimal und wurde spätestens 1942 völlig eingestellt, zumal genügend Ergänzungsfahrzeuge dieser Nutzlastklasse zur Verfügung standen. Andererseits entwickelte Tatra erst während des Krieges den völlig neuen Schwerlastwagen Typ 111 mit luftgekühltem V12-Motor, Schwingachsen und Sechsrad-Antrieb. Dieses Fahrzeug, dessen Motor übrigens auch bei der späteren Ausführung des Achtrad-Panzerspähwagens von Büssing-NAG zum Einbau kam, wurde 1942 bis 1944 in beachtlichem Umfang an die verbündete Armeen geliefert. Manchen Beobachtern mag aufgefallen sein, daß bei unseren Heeresverbänden kaum jemals ein Lastwagen der Marke Vomag zu sehen war, obwohl die Kapazität dieser Firma mit etwa 100 Fahrzeugen monatlich bis etwa 1943 voll ausgenützt blieb. Ursache: Die Vomag baute den besten Holzgas-Lkw unter allen auf diesem Gebiet tätigen Firmen, wozu die besonders großvolumigen Motoren, aber auch das spezielle Interesse der Plauener Fabrik am Generatorwesen beitrugen. Deshalb wurde schließlich die gesamte Produktion von Vomag auf Holzgas-Lkw umgestellt, die aber nicht bei der Wehrmacht, sondern bei den NSKK-Transportbrigaden und ähnlichen Institutionen zum Einsatz kamen und sich dort jahrelang bis zuletzt bestens bewährten.

Um eine recht außergewöhnliche Lastwagen-Gattung handelte es sich bei den Lkw vom Typ Maultier. Hierbei waren die Hinterräder der jeweiligen S-Ausführung des 3 to Opel-Blitz, des 3 to Ford V8, des 3 to Magirus sowie des 4,5 to Mercedes-Benz durch ein Kettenlaufwerk ersetzt, womit hauptsächlich erreicht werden sollte und auch erreicht wurde, der Fronttruppe für ihre unmittelbare Versorgung ein auch während der Schlammperioden einsatzbereites Transportmittel zu geben. Besonders gut bewährten sich hier die Magirus-Maultiere dank ihres niedertourigen, drehmomentstarken und unempfindlichen Dieselmotors. Auch die Opel und die großen Mercedes-Benz Maultiere waren gut, wenn auch letztere manchmal darunter litten, daß ihre Gleisketten etwas schmal und das vom normalen Lkw übernommene Differential zu schwach ausgelegt waren. Die meisten Maultiere wurden ausgerechnet von Ford geliefert, obwohl sich deren V8-Motor hierfür noch schlechter eignete als für den Straßen-Lkw. Schließlich betrug die Höchstgeschwindigkeit der Maultiere nur um die 35 km/h, und die Wehrmacht beschränkte sie zwecks Schonung der Fahrzeuge auf 20 km/h. Als Kettenlaufwerk für die 3 to Maultiere wurde ein Nachbau des englischen

Carden-Lloyd-Fahrgestells verwendet, während Daimler-Benz unter den 4,5 to Lkw ein abgewandeltes Kettenlaufwerk vom Panzer II setzte. Das große Mercedes-Benz Maultier war eigentlich nur als Zwischenlösung gedacht, um die Zeit nach dem Produktionsauslauf des Sd. Kfz. 7 (m. Zgkw. 8 to) bis zur Einführung des Schweren Wehrmacht-Schleppers (s. WS) zu überbrücken. Bei der Truppe sollten die Maultiere jeweils für die Schlammperioden aufgespart werden, was aber im Hinblick auf den ständigen Transportraummangel selten geschah, so daß diese Fahrzeuge meistens viel zu rasch verschlissen waren.

Außer den im Rahmen des Schell-Programms gefertigten S- und A-Typen blieben im damaligen deutschen Einflußbereich aber auch verschiedene andere Lastwagen in der Produktion, weil man doch letztlich um jedes einzelne Stück froh war, welches an die Wehrmacht oder für die Kriegswirtschaft geliefert werden konnte. Insbesondere die französische Automobilindustrie produzierte während der deutschen Besatzungszeit einige ihrer Lastwagentypen in beträchtlicher Zahl. An erster Stelle standen die von Renault gebauten Frontlenker mit Stahlpritsche, die großenteils bei der Luftwaffe eingesetzt wurden. Vom Renault AHS (2 to Nutzlast) gingen etwa 25 000, vom Renault AHN (3,5 to Nutzlast) etwa 4000 Stück an die Wehrmacht. Citroën baute in jenen Jahren etwa 6000 Exemplare des Zweitonners Typ 23 und in erheblichen Serien den Viertonner Typ 45, die sich übrigens beide bestens bewährten.

Peugeot lieferte schätzungsweise 15 000 kleine Lastwagen, und von Matford stammte ein Viertonner-Frontlenker mit 3,6 Liter Ford V8-Motor. Übrigens kamen auch die Ford »Maultier« Gleisketten-Lkw. zum größten Teil aus den französischen und den holländischen Ford-Werken. Und eine riesige Menge französischer Beutefahrzeuge hatte man durch den Westfeldzug vereinnahmen können. Nicht weniger als 88 Infanterie-Divisionen, drei motorisierte Infanterie-Divisionen und eine Panzer-Division fuhren überwiegend mit französischen Kraftfahrzeugen!

Die tschechischen Marken Tatra, Skoda und Praga führten den Bau der eigenen Typen ihrer Zivil- und Militärlastwagen ebenfalls bis zum Kriegsende weiter. Diese Fahrzeuge wurden zum großen Teil den Armeen verbündeter Staaten zur Verfügung gestellt, weshalb z. B. der Tatra 92 im Sprachgebrauch »Rumänien-Typ« hieß. Die tschechischen Sechsrad-Gelände-Lastwagen mit Zentralrahmen, Pendel-Schwingachsen und zwillingsbereiften Hinterrädern vermochten die hoffnungsvollen Erwartungen nicht zu erfüllen, die man in sie setzte. Galten doch bis dahin gerade die Fahrzeuge dieser Bauart als Paradebeispiele für kompromißlos gebaute Geländeautomobile. Dabei zeigten sie sich in bezug auf die Geländegängigkeit dem Einheits-Diesel oder dem 3 to Opel-Blitz als beträchtlich unterlegen. Überdies waren die komplizierten Fahrwerke und erstaunlicherweise auch die Motoren derart störungsanfällig, daß die tschechischen Gelände-Lastwagen bei den deutschen Soldaten bald ebenso unbeliebt wie gefürchtet waren. Diese Fahrzeuge fielen – und zwar keineswegs durch Feindeinwirkung – beim Vormarsch nach Rußland bereits in den ersten Wochen fast alle aus, und die wenigen übriggebliebenen wurden dann beim Troß oder als Werkstattwagen für die I-Trupps (Instandsetzungs-Trupps) verwendet, weil sie sich am ehesten mit Mechaniker und Werkstatt an Bord in Betrieb halten ließen. Man darf annehmen, daß dies für die heutigen tschechischen Lastwagen nicht mehr zutrifft, damals aber war es leider der Fall.

Leichte Lastkraftwagen der 1,5 to Nutzlast-Klasse hatten als solche bei der Wehrmacht nicht sehr viel Bedeutung. Lediglich der kleine Opel-Blitz trat etwas öfter in Erscheinung. Weit überwiegend kamen die Fahrzeuge dieser Größenordnung entweder als schwere Pkw oder als Sanitätskraftwagen zum Einsatz. Für letzteren Zweck fanden an der Front hauptsächlich schwere Einheits-Pkw mit geschlossenem Aufbau sowie in großer Zahl der Phänomen Granit 25 (ältere, eckige Karosserie) und der Phänomen Granit 1500 S (neuere, abgerundete Karosserie) Verwendung. In geringem Umfang gab es ferner Sanitätskraftwagen der

Typen Steyr 640, Adler W 61 K und Mercedes-Benz LE 1100. Für den Einsatz während der russischen Schlammperioden waren vereinzelt Sanitätskraftwagen mit dem Fahrgestell des Ford Maultier sowie der 3 to Halbketten-Zugmaschinen vorhanden. Im rückwärtigen Bereich und in der Heimat liefen hauptsächlich umgebaute Pkw. und umgebaute Omnibusse zum Verwundeten-Transport.

Zwar gab es die Nachrichtenübermittlung durch Funk schon im ersten Weltkrieg, und auch bei der Reichswehr war man damit vertraut, aber dennoch spielte bis etwa 1930 der Einsatz von Brieftauben die größere Rolle. Lastwagen waren, wie schon im ersten Weltkrieg, als fahrender Brieftaubenschlag eingerichtet, und kleine Motor-Dreiräder brachten die Tiere in ihren Käfigen zum Einsatzort. Auf kürzere Entfernungen verwendete man Meldegänger oder Radmelder.

Eingedenk der Erfahrungen im ersten Weltkrieg blieb die Zahl der Anhängerfahrzeuge bei der Wehrmacht ziemlich gering, obwohl die unterschiedlichsten Sonderanhänger klassifiziert und auch eingesetzt waren. Noch am ehesten verwendete man die handlicheren Einachs-Anhänger für Munition, Generatoren, Feuerlöschgeräte und viele andere Zwecke. In zwei- und auch mehrachsigen Ausführungen gab es Pritschen-, Geräte- und Büro-Anhänger sowie Sonderfahrgestelle für Geschütze, Scheinwerfer, Horchgeräte, Maschinensätze u. a. Die Räder solcher Sonderanhänger waren überwiegend mit Triplex-Felgen ausgerüstet. Während die Pritschenanhänger normale Drehgestelle besaßen, zeichneten sich die während des Krieges kaum mehr beschafften Anhänger mit Kofferaufbauten durch Achsschenkellenkung aus. Zur Bergung von Panzern dienten (in viel zu geringer Zahl vorhandene) Tieflade-Anhänger für 20 bis 25 to, vereinzelt auch bis zu 50 to Nutzlast.

Hier seien die Wehrmacht-Omnibusse erwähnt, die dem Mannschafts- oder Verwundeten-Transport sowie als Befehls- oder Nachrichten-Zentralen dienten. Es gab zwei Ausführungen. Bekannt war vor allem der Opel-Blitz Wehrmacht-Omnibus, der gegenüber dem Lkw Typ S der gleichen Marke einen Niederrahmen, einen längeren Radstand sowie eine einfach gestaltete, für 30 Sitzplätze reichende Karosserie besaß, welche von der Firma Ludewig, Essen, stammte. Etwa 2880 Einheiten dieses Modells wurden von 1939 bis 1944 ausgeliefert.

Der andere Wehrmacht-Omnibus war der MAN Typ E 3000. In der Größe dem Opel etwa gleich, besaß er einen werkseigenen Aufbau, der eine vereinfachte Ausführung des handelsüblichen Linien-Omnibusses darstellte. In diesem Zusammenhang gehört ferner der von der Wiener Automobilfabrik Gräf & Stift gebaute Kommandowagen, ein ziemlich großer Omnibus mit Ganzstahlkarosserie sowie 100 PS Benzin- oder Dieselmotor. Von diesem Fahrzeug das höheren Stäben als Befehls- oder Vermittlungszentrale diente, wurden etwa 170 Stück an die Wehrmacht geliefert.

Merkwürdig nostalgische Vorstellungen pflegen zuweilen jüngere Leute über den damaligen Einsatz von Holzgasgeneratoren. Diese behelfsmäßigen Ofen-Anbauten waren zwar als Notlösung willkommen, verursachten aber scheußlich viel Ärger und Dreck, Verdruß und Ruß. Kein Mensch schleppte den Holzkocher auch nur einen Tag länger an seinem Auto herum, als es unbedingt sein mußte. Die Wehrmacht besaß bei Kriegsende etwa 60 000 Kraftfahrzeuge mit Holzgasgenerator. Diese liefen ab 1943 zunehmend beim Ersatzheer, in rückwärtigen Gebieten (so im holzreichen Norwegen) und hauptsächlich beim sogenannten Wehrmachtgefolge (RAD, OT, Speer-Brigaden, Transportbrigaden des NSKK usw.). Wahrscheinlich waren bei den letzten Aufgeboten in dem längst hoffnungslos gewordenen Ringen auch Generatorfahrzeuge beteiligt, doch die regulären Kampftruppen blieben von diesen Ausgeburten des Mangels glücklicherweise bis zum bitteren Ende verschont.

MAN-Lastkraftwagen der Reichswehr für Truppenbeförderung (1924).

Bild oben:
MAN 3,5 to Reichswehr-Lkw. 1926.

Bild unten:
Magirus 3 to mit Omnibus-Sonderaufbau für die Reichswehr 1928.

Linke Spalte 1. und 2. Bild von oben:
Hansa-Lloyd Lastkraftwagen als Fernsprech-Bauwagen (Kabeltrupp-Kraftwagen) der Reichswehr (etwa 1930).

Linke Spalte unteres Bild: Einer der ersten Funktrupp-Kraftwagen der Reichswehr (etwa 1930). Der gesamte Aufbau entspricht bereits weitgehend den späteren Serienausführungen der Wehrmacht.

Linke Spalte von oben nach unten:
MAN Typ NON/6 Reichswehr-Omnibus 1931.
MAN Typ KVB/6 Mannschafts-Transportwagen 1931.
3,5 to MAN Typ Z (1935-1939)
6 to MAN Typ F 1 H 6 (1935).

Rechte Spalte von oben nach unten:
2,5 to Mercedes-Benz Typ L 45 Reichswehr-Lkw. 1929/30.
3 to Mercedes-Benz Typ L 3000 Reichswehr-Mannschafts-wagen.

Geländegängige Sechsrad-Lastkraftwagen (Sonderkonstruktionen)

Marke, Typ	Baujahr	Räder x Antriebsräder	Motor	Zylinderzahl	Hubraum ccm	Leistung PS	Radstand mm	Nutzlast kg	Stückzahl
Sechsrad-Gelände-Lkw.									
Krupp L2H 43	1934-1936	6 x 4	Vergaser	B4L	3308	55 od. 60	2470 + 860	1150	ca. 7000
Krupp L2 H 143	1937-1942	6 x 4	Vergaser	B4L	3308	60	2445 + 910	1150	
Mercedes-Benz G 3	1928	6 x 4	Vergaser	6	3460	60	3000 + 950	1500	89
Mercedes-Benz G 3a	1929-1935	6 x 4	Vergaser	6	3689	68	3000 + 950	1800	2005
Büssing-NAG G 31	1931-1935	6 x 4	Vergaser	4	3920	65	2715 + 950	1500	2300
Magirus M 206	1934-1937	6 x 4	Vergaser	6	4562	70	2715 + 950	1500	1080
Henschel 33 D 1	1933-1942	6 x 4	Vergaser	6	10857	100	3750 + 1100	3500	ca. 22 000
Henschel 33 G 1	1937-1942	6 x 4	Diesel	6	9123	100	3750 + 1100	3500	
Nachbau: Magirus 33 G 1	1937-1941	6 x 4	Diesel	6	9123	100 od. 125	3750 + 1100	3500	3860
Krupp L3H 63	1933-1935	6 x 4	Vergaser	6	6107	90	3650 + 1100	3500	ca. 2000
Krupp L3H 163	1936-1938	6 x 4	Vergaser	6	7844	110	3650 + 1100	3500	
Büssing-NAG 3 GL 6	1931-1938	6 x 4	Vergaser	6	9350	90	3900 + 1250	3500	ca. 300
Mercedes-Benz LG 3000	1935-1938	6 x 4	Diesel	6	7413	95	3900 + 1050	3000	7434
Einheits-Diesel									
MAN	1937-1940	6 x 6	Diesel	6	6234	80	3100 + 1100	2500	1795
Büssing-NAG	1938-1940	6 x 6	Diesel	6	6234	80	3100 + 1100	2500	ca. 3200
Magirus M 306 E	1937-1940	6 x 6	Diesel	6	6234	80	3100 + 1100	2500	1410
Henschel	1937-1940	6 x 6	Diesel	6	6234	80	3100 + 1100	2500	ca. 1500
Borgward	1938-1940	6 x 6	Diesel	6	6234	80	3100 + 1100	2500	2463
Krupp	1937-1940	6 x 6	Diesel	6	6234	80	3100 + 1100	2500	ca. 700
Faun	1938-1940	6 x 6	Diesel	6	6234	80	3100 + 1100	2500	ca. 700
Steyr 640	1937-1941	6 x 4	Vergaser	6	2260	53	2500 + 1060	1500	3780
Austro-Daimler ADGR	1936-1940	6 x 4	Vergaser	6	3915	72	3120 + 1200	3000	361
Praga RV	1935-1939	6 x 4	Vergaser	6	3468	68	3100 + 920	2000	2033
Tatra 92	1937-1940	6 x 4	Vergaser	V8L	3980	70	2800 + 940	2000	500
Tatra 111	1942-1944	6 x 6	Diesel	V12L	14825	175	4175 + 1220	6350	ca. 2000

Lastkraftwagen auf handelsüblichen oder davon abgeleiteten Fahrgestellen (Teil 1)

Marke, Typ	Baujahr	Räder x Antriebsräder	Motor	Zylinderzahl	Hubraum ccm	Leistung PS	Radstand mm	Nutzlast kg	Stückzahl
Sanitäts-Kraftwagen									
Phänomen Granit 25 H	1936-1939	4 x 2	Vergaser	4L	2497	37	3260	600	
Phänomen Granit 1500 S	1940-1944	4 x 2	Vergaser	4L	2678	50	3270	1600	
Mercedes-Benz L 1500 E	1937-1938	4 x 2	Vergaser	6	2229	44	3200	1100	
Adler W 61 K	1937-1939	4 x 2	Vergaser	6	2499	58	3250	1500	ca. 1500
Einheits-Kfz. II	1939-1941	4 x 4	Vergaser	V8	3823	90	3000	1200	
Leichte Lkw.									
Phänomen Granit 25 H	1930-1932	4 x 2	Vergaser	4L	2497	37	3550	1500	etwa 100
Borg ward L 1400	1939-1943	4 x 2	Vergaser	4	1384	33	2800	1155	
Opel-Blitz 2,5-32	1938-1942	4 x 2	Vergaser	6	2473	53	3250	1500	ca. 10000
Adler W 61	1938-1939	4 x 2	Vergaser	6	2499	58	3250	1500	ca. 900
Citroen 23 R	1940-1943	4 x 2	Vergaser	4	1911	48	3750	2000	ca. 6000
Lkw. 3 to									
Opel-Blitz 3,6-36 S	1937-1944	4 x 2	Vergaser	6	3626	68	3600	3300	ca. 70 000
Nachbau: Mercedes-Benz	1944-1945	4 x 2	Vergaser	6	3626	68	3600	3300	ca. 3 500
Opel-Blitz 3,6-6700 A	1940-1944	4 x 4	Vergaser	6	3626	68	3450	3100	ca. 25 000
Ford G 917 T	1939-1941	4 x 2	Vergaser	V8	3613	90	3988	3000	19158
Ford G 997 T	1941-1942	4 x 2	Vergaser	V8	3924	95	3988	3000	6041
Ford V 3000 S (G 198 TS)	1941-1945	4 x 2	Vergaser	V8	3924	95	4013	3300	24110
Ford V 3000 A (G 198 TWA)	1943-1944	4 x 4	Vergaser	V8	3924	95	4025	2910	758
Klöckner-Deutz S 3000	1941-1944	4 x 2	Diesel	4	4941	80	3700 o. 4200	3150	10850
Klöckner-Deutz A 3000	1941-1943	4 x 4	Diesel	4	4941	80	3700	3100	5960
Mercedes-Benz L 3000	1938-1939	4 x 2	Diesel	4	4849	65	3800	2650	} ca. 27 700
Mercedes-Benz L 3000 S	1940-1942	4 x 2	Diesel	4	4849	75	3800 o. 4250	3100	}
Mercedes-Benz L 3000 A	1940-1942	4 x 4	Diesel	4	4849	75	3800	3020	}
MAN E 2 bzw. E 3000	1940-1944	4 x 2	Diesel	4	4503	70	4000 o. 4650	3290	
Nachbau: Fross-Büssing	1940-1943	4 x 2	Diesel	4	4503	70	4000 o. 4650	3290	ca. 2000
Borgward B 3000 O	1938-1941	4 x 2	Vergaser	6	3485	65	3650	3000	} ca. 30 000
Borgward B 3000 D	1939-1943	4 x 2	Diesel	6	4426	64	3650	3000	}
Borgward B 3000 S/O	1942-1944	4 x 2	Vergaser	6	3745	78	3700	3125	}
Borgward B 3000 A/O	1942-1943	4 x 4	Vergaser	6	3745	78	3700	3095	}
Borgward B 3000 S/D	1942-1943	4 x 2	Diesel	6	4962	75	3700	3125	}
Borgward B 3000 A/D	1942-1943	4 x 4	Diesel	6	4962	75	3700	3095	}

Lastkraftwagen auf handelsüblichen oder davon abgeleiteten Fahrgestellen (Teil 2)

Marke, Typ	Baujahr	Räder x Antriebsräder	Motor	Zylinderzahl	Hubraum ccm	Leistung PS	Radstand mm	Nutzlast kg	Stückzahl
Lkw. 4,5 to									
Büssing-NAG 500 S	1940-1941	4 x 2	Diesel	6	7413	105	5000	4750	14 813
Büssing-NAG 500 A	1940-1941	4 x 4	Diesel	6	7413	105	4875	4770	
Büssing-NAG 4500 S-1	1942-1945	4 x 2	Diesel	6	7413	105	4800	4600	
Büssing-NAG 4500 A-1	1942-1945	4 x 4	Diesel	6	7413	105	4800	4500	
MAN ML 4500 S	1940-1945	4 x 2	Diesel	6	7980	110	4600	4950	
Nachbau: ÖAF	1941-1943	4 x 2	Diesel	6	7980	110	4600	4950	ca. 1900
MAN ML 4500 A	1940-1944	4 x 4	Diesel	6	7980	110	4600	4950	
Nachbau: ÖAF	1942-1943	4 x 4	Diesel	6	7580	110	4600	4950	ca. 100
Mercedes-Benz L 4500 S	1939-1944	4 x 2	Diesel	6	7274	112	4600	4950	ca. 9500
Mercedes-Benz L 4500 A	1941-1944	4 x 4	Diesel	6	7274	112	4600	4685	
Nachbau: Saurer	1944-1945	4 x 4	Diesel	6	7274	112	4600	4685	einige 100
Klöckner-Deutz GS 145	1941-1943	4 x 2	Diesel	6	7226	125	4750	4800	ca. 700
Klöckner-Deutz GA 145	1941-1942	4 x 4	Diesel	6	7226	125	4750	4700	
Saurer BT 4500	1941-1942	4 x 2	Diesel	6	7980	120	4500 od. 5000	4500	
Saurer SG 4500	1942-1943	4 x 2	Diesel	6	7980	120	4750	4800	ca. 240
Saurer SGA 4500	1942-1943	4 x 4	Diesel	6	7 980	120	4750	4700	
Citroen 45	1940-1943	4 x 2	Vergaser	6	4 580	75	4700	4500	
Lkw. 6,5 to									
Mercedes-Benz L 6500	1938-1940	4 x 2	Diesel	6	12528	135	5100	7000	
MAN F4	1938-1940	4 x 2	Diesel	6	13320	150	5000	7000	
Nachbau: Fross-Büssing	1940-1942	4 x 2	Diesel	6	13320	150	5000	7000	ca. 230
Vomag 6 L	1938-1939	4 x 2	Diesel	6	14434	150	5350	6500	
Krupp LD 6,5	1939-1941	4 x 2	Diesel	4	5448	125	5200	6500	
Lkw. 9 to									
Büssing-NAG 9000	1937-1939	6 x 4	Diesel	6	13539	130	5450 + 1450	9500	ca. 80
Faun L 900 D 567	1937-1939	6 x 4	Diesel	6	13538	150	4825 + 1400	9500	
Gleisketten-Lkw. »Maultier«									
Opel-Blitz 3,6-36 S/SSM	1942-1944	–	Vergaser	6	3626	68	–	2000	ca. 4000*)
Ford V 3000 S/SSM	1942-1944	–	Vergaser	V8	3924	95	–	2000	13 952
Klöckner-Deutz S 3000/SSM	1942-1944	–	Diesel	4	4941	80	–	2000	1 740
Mercedes-Benz L 4500 R	1943-1944	–	Diesel	6	7274	112	–	4500	1 486
Wehrmacht-Omnibusse									
Opel-Blitz 3,6-47	1939-1944	4 x 2	Vergaser	6	3626	68	4650	30 Sitze	
MAN E 2 bzw. E 3000	1940-1943	4 x 2	Diesel	4	4503	70	4650	26 Sitze	ca. 2800
Nachbau: Fross-Büssing	1940-1942	4 x 2	Diesel	4	4503	70	4650	26 Sitze	
Graf & Stift V 7 DW	1939-1940	4 x 2	Diesel	6	7274	100	5000	40 Sitze	170

*) einschl. 300 Fahrgestelle für 15 cm Panzerwerfer 42 (Sf) auf LKW »Maultier«.

Oben links: Mercedes-Benz Typ G 3 als leichter geländegängiger Lkw. (Baujahr 1928).

Oben rechts: Mercedes-Benz Typ G 3 a als Kfz. 63 (Schallmeßstellen-, Lichtmeßstellen- und Vorwarner-Kraftwagen) oder als Kfz. 64 (Vermessungsgeräte-Kraftwagen).

Bild links: Mercedes-Benz Typ G 3 a als Kfz. 77 (Fernsprechbau-Kraftwagen). Das Foto von etwa 1933 zeigt Nachrichtensoldaten (mit Gasmasken) beim Leitungsbau.

Bild unten: Mercedes-Benz Typ G 3 a als leichter, geländegängiger Lkw. für 1,5 to Nutzlast.

Bild links und Mitte: Mercedes-Benz Typ G 3 a als Kfz. 62 (Schallaufnahme- oder Schallauswerte-Kraftwagen).

Bild unten: Das ist nicht etwa ein Foto vom Rückzug der geschlagenen deutschen Armee bei Kriegsende, sondern vielmehr das Bild einer Wehrmacht-Kolonne in den allerersten Wochen des zweiten Weltkriegs, aufgenommen beim Polen-Feldzug. Es dokumentiert, mit welch unzulänglicher Fahrzeugausstattung die deutschen Soldaten großenteils ins Feld ziehen mußten. Ganz vorn auf dem Bild ein Mercedes-Benz Typ G 3 a, der 2. und 4. Wagen dahinter je ein Ford V8, wie sie häufig behelfsmäßig zu Kfz. 15 umgebaut worden waren. Als 3. Wagen sieht man einen Opel Olympia, der für Geländefahrt sowieso völlig ungeeignet war.

Ein Sechszylinder-Benzinmotor mit 68 PS sorgte im Mercedes-Benz Typ G 3a für den Vortrieb. (Foto: Daimler AG)

Fahrzeugkolonne aus Mercedes-Benz Typ G 3a-Fahrzeugen.

Mercedes-Benz Typ G 3a Pritschenwagen von 1935. (Foto: Daimler AG)

Mercedes-Benz Typ G 3a in der Ausführung als Funkwagen.

Der leichte Lkw Mercedes-Benz Typ G 3a wurde von 1929 bis 1935 hergestellt. (Foto: Daimler AG)

Fuhrpark mit einem 1,5-Tonnen Mercedes-Benz Typ G 3a in der Mitte.

Büssing-NAG Typ G 31 als leichter geländegängiger Lkw. für 1,5 to Nutzlast.

Büssing-NAG Typ G 31 als Fernsprechbau-Wagen (Kfz. 77), 1937 bei der 1. Pz.-Division.

Büssing-NAG Typ G 31 auf einer von Außenbordmotoren angetriebenen Pontonfähre beim Herbst-Manöver 1932 der Reichswehr.

Büssing-NAG Typ G 31 als Fernsprechbau-Wagen (Kfz. 77). Eine Serie neuer Fahrzeuge steht zur Ablieferung in der Karosseriefabrik Gastell (Mainz) bereit. Diese Fabrik befindet sich heute im Besitz von Magirus, und sie dient zur Herstellung von Omnibussen und Sonderfahrzeugen. Auch die heutigen Bundeswehr-Lkw. von Magirus werden dort gebaut bzw. montiert.

Der leichte Fernsprechtrupp (mot) der Reichswehr besteht aus dem Truppführerwagen und dem leichten Fe-Kraftwagen.

Ein Büssing-NAG Typ G 31 der damaligen Kavallerie-Division Weimar bei der Dreitage-Mittelgebirgs-Fahrt 1935.

Büssing-NAG Typ G 31 als großer Nachrichtenwagen (Kfz. 61).

**Rechte Spalte oben und Mitte:
Magirus Typ M 206 als leichter geländegängiger Lkw. für 1,5 to Nutzlast.**

**Mittlere Spalte:
Deutsche Soldaten beim Verlegen von Leitungen mit einem Büssing-NAG G 31 im Jahr 1937. (Bundesarchiv Bild 136-B3370, Gustav Tellgmann, © CC-BY-SA-3.0).**

**Rechte Spalte unten:
Erstes deutsches Flugfeld-Feuerwehr-Kfz.: Magirus Typ M 206 (mit Dieselmotor!) als Autotankspritze, geliefert im Februar 1935 an die Deutsche Verkehrs-Fliegerschule Neuhausen.**

	le.gl.Lkw. 1,5 to (6 x 4) Mercedes-Benz G 3 1928	le.gl.Lkw. 1,5 to (6 x 4) Mercedes-Benz G 3 a 1929-1935	le.gl.Lkw. 1,5 to (6 x 4) Büssing-NAG G 31 1931-1935	le.gl.Lkw. 1,5 to (6x 4) Magirus M 206 1934-1937
Motor	Vergasermotor Daimler-Benz M 09 – 14/60 PS	Vergasermotor Daimler-Benz M 09	Vergasermotor Büssing-NAG Typ G	Vergasermotor Magirus S 88
Zylinderzahl	6 (Reihe)	6 (Reihe)	4 (Reihe)	6 (Reihe)
Bohrung x Hub	80 x 115 mm	82,5 x 115 mm	98 x 130 mm	88 x 125 mm
Hubraum	3460 com	3663 ccm	3920 ccm	4562 ccm
Leistung	60 PS bei 2680 U/min	68 PS bei 2900 U/min	65 PS bei 2500 U/min	70 PS bei 2200 U/min
Drehmoment	17,8 mkg bei 1500 U/min	20,9 mkg bei 2000 U/min	25 mkg bei 1300 U/min	
Verdichtung	1 :5,5	1:5,45	1:5,1	1:5,8
Vergaser	1 Zenith 36 HK	2 Zenith HKB 36	1 Solex VFSL40	1 Solex BFLH
Ventile	Seitlich stehend Seitliche Nockenwelle Antrieb durch Stirnräder	Seitlich stehend Seitliche Nockenwelle Antrieb durch Strinräder	Hängend Seitliche Nockenwelle Antrieb durch Stirnräder	Seitlich stehend Seitliche Nockenwelle Antrieb durch Stirnräder
Kurbelwellenlager	7	7	3	7
Kühlung	Wasser/Pumpe	Wasser/Pumpe	Wasser/Pumpe	Wasser/Pumpe
Batterie	12 V 105 Ah	12 V 105 Ah	12 V 105 Ah	12 V 105 Ah
Kraftübertragung	Antrieb auf 2 Hinterachsen 2 Sperrdifferentiale	Antrieb auf 2 Hinterachsen 2 Sperrdifferentiale	Antrieb auf 2 Hinterachsen 2 Sperrdifferentiale	Antrieb auf 2 Hinterachsen 2 Sperrdifferentiale
Kupplung	Mehrscheibentrockenkupplung	Einscheibentrockenkupplung	Einscheibentrockenkupplung	Einscheibentrockenkupplung
Getriebe	4 Gang + Vorgelege	4 Gang + Vorgelege	3 Gang + Vorgelege	4 Gang + Vorgelege
Antriebs-Übersetzungen	6,11	6,66	6,25	4,66
Fahrwerk	U-Profil-Rahmen	U-Profil-Rahmen	U-Profil-Rahmen	U-Profilrahmen
Vorderradaufhängung	Starrachse, Halbfedern	Starrachse, Halbfedern	Starrachse, Halbfedern	Starrachse, Halbfedern
Hinterradaufhängung	2 Starrachsen beiderseits gemeinsam je 2 Halbfedern übereinander	2 Starrachsen beiderseits gemeinsam je 2 Halbfedern übereinander	2 Starrachsen beiderseits gemeinsam je 2 Halbfedern übereinander	2 Starrachsen beiderseits gemeinsam je 2 Halbfedern übereinander
Lenkung	Spindel	Spindel	Spindel	Spindel
Fußbremse	Hydraulisch, 6 Räder	Hydraulisch, 6 Räder	Hydraulisch, 6 Räder	Mechanisch, 4 Hinterräder
Handbremse	Mechanisch, Mittelachse	Mechanisch, Mittelachse	Mechanisch, 4 Hinterräder	Mechanisch, Getriebe
Allgemeine Daten				
Radstand	3000 + 950 mm	3000 + 950 mm	2715 + 950 mm	2715 + 950 mm
Spur vorn	1600 mm	1600 mm	1535 mm	1695 mm
Spur hinten	1600/1600 mm	1600/1600 mm	Innenräder 1372 mm Außenräder 1812 mm	Innenräder 1410 mm Außenräder 1860 mm
Gesamtmaße	Pritschenwagen: 6000 x 2100 x 2450 mm	Pritschenwagen: 6000 x 210 x 2450 mm A-Wagen oder Nachrichten-Kfz. mit geschlossenem Aufbau 5750 x 2100 x 2700 mm Fernsprechbauwagen oder Meßstellen-Kfz.: 5750 x 2220 x 2350 mm	Pritschenwagen: 5350 x 2250 x 2350 mm A-Wagen oder Nachrichten-Kfz. mit geschlossenem Aufbau: 5700 x 2000 x 2760 mm Fernsprechbauwagen oder Meßstellen-Kfz.: 5750 x 2220 x 2350 mm	Pritschenwagen: 5350 x 2250 x 2350 mm A-Wagen oder Nachrichten-Kfz. mit geschlossenem Aufbau: 5630 x 2060 x 2650 mm
Laderaum		Pritschenwagen: 2900 x 1800 x 750 mm Geschlossener Aufbau: 2800 x 1650 x 1800 mm Fernsprechbauwagen: 1300 x 1600x 700 mm		
Reifen	6,00-20 Gelände Zwillings-Hinterräder	6,00-20 Gelände Zwillings-Hinterräder	6,00-20 Gelände Zwillings-Hinterräder	6,00-20 Gelände Zwillings-Hinterräder
Bodenfreiheit	225 mm	225 mm	225 mm	225 mm
Watfähigkeit	500 mm	500 mm	500 mm	500 mm
Wendekreis-ø	18 Meter	18 Meter	16 Meter	14 Meter
Fahrzeuggewicht	Pritschenwagen 2500 kg	Pritschenwagen 3300 kg Fe-bauwagen 3925 kg A-Wagen 3900 kg	Pritschenwagen 3100 kg Fe-bauwagen 3300 kg A-Wagen 3750 kg	Pritschenwagen 3200 kg A-Wagen 3850 kg
Zuläss. Gesamtgewicht	Pritschenwagen 4000 kg	Pritschenwagen 4800 kg Fe-bauwagen 5050 kg A-Wagen 5050 kg	Pritschenwagen 4600 kg Fe-bauwagen 4915 kg A-Wagen 5470 kg	Pritschenwagen 4850 kg A-Wagen 5230 kg
Nutzlast	Pritschenwagen 1500 kg	Pritschenwagen 1500 kg	Pritschenwagen 1500 kg	Pritschenwagen 1650 kg
Höchstgeschwindigkeit	60 km/h	65 km/h	60 km/h	62 km/h
Verbrauch/100 km	Straße 35, Gelände 45 Liter	Straße 35, Gelände 45 Liter	Straße 35, Gelände 45 Liter	Straße 35, Gelände 45 Liter
Kraftstofftank	105 Liter	105 Liter	75 + 50 Liter	90 Liter
Fahrbereich	Straße 300, Gelände 230 km	Straße 300, Gelände 230 km	Straße 350, Gelände 270 km	Straße 250, Gelände 200 km

Krupp Lkw. als Zugmittel für Flak-Scheinwerfer der Luftwaffe bei einer Parade der Wehrmacht.

Mercedes-Benz Typ LG 3000 als mittl. geländegängiger Lkw. für 3 to Nutzlast (1935-1938).

Mercedes-Benz Typ LG 3000 in einer Luftwaffen-Kolonne beim Polen-Feldzug 1939.

Krupp L 3 H 63 als mittl. geländegängiger Lkw. für 3 to Nutzlast (1933-1935).

Krupp L 3 H 163 als großer Nachrichtenwagen Kfz. 62 oder 63.

Büssing-NAG Typ 3 GL 6 als mittl. geländegängiger Lkw. für 3 to Nutzlast.

Büssing-NAG Typ 3 GL 6 als Vermessungstruppwagen (in einer später bei der Wehrmacht nicht mehr gebräuchlichen Ausführung).

	m.gl.Lkw. 3 to (6 x 4) Krupp L 3 H 63 1931-1935	m.gl.Lkw. 3 to (6 x 4) Krupp L 3 H 163 1936-1938	m.gl.Lkw. 3 to (6 x 4) 3 GL 6 1931-1938	m.gl.Lkw. 3 to (6 x 4) Mercedes-Benz (LG 63) LG 3000 1935-1938
Motor	Vergasermotor	Vergasermotor	Vergasermotor	Vorkammer-Dieselmotor
	Krupp M 11	Krupp M 12 a	Büssing-NAG C 4	Daimler-Benz OM 67
Zylinderzahl	6 (Reihe)	6 (Reihe)	6 (Reihe)	6 (Reihe)
Bohrung x Hub	90 x 160 mm	102 x 160 mm	115 x 150 mm	110 x 130 mm
Hubraum	6107 ccm	7844 ccm	9350 ccm	7413 ccm
Leistung	90 PS bei 1700 U/min	110 PS bei 1600 U/min	90 PS bei 1200 U/min	95 PS bei 2000 U/min
Drehmoment			58 mkg	
Verdichtung	1:5,4	1:5,55	1:5,6	1:17
Vergaser	1 Solex MOHRT35	2 Solex BFH	2 Pallas SA 3	–
Einspritzpumpe	–	–	–	Bosch
Ventile	Hängend		Hängend	Hängend
	Seitliche Nockenwelle		Seitliche Nockenwelle	Seitliche Nockenwelle
	Antrieb durch Stirnräder		Antrieb durch Stirnräder	Antrieb durch Stirnräder
Kurbelwellenlager	7		4	4
Kühlung	Wasser/Pumpe		Wasser/Pumpe	Wasser/Pumpe
Schmierung	Druckumlauf, 14 Liter Öl	Druckumlauf, 18 Liter Öl	Druckumlauf, 16 Liter Öl	Druckumlauf, 17 Liter Öl
Batterie	12 V 105 Ah	12 V 105 Ah	12 V 105 Ah	2x 12 V 105 Ah
Kraftübertragung	Antrieb auf 2 Hinterachsen	Antrieb auf 2 Hinterachsen	Antrieb auf 2 Hinterachsen	Antrieb auf 2 Hinterachsen
	2 Sperrdifferentiale	2 Sperrdifferentiale		
Getriebe	Einscheibentrockenkupplung	Einscheibentrockenkupplung	Konuskupplung	Einscheibentrockenkupplung
	4 Gang ZF Gb 45	4 Gang ZF Gb 45 aL oder Kb 50	4 Gang + Geländegang	5 Gang ZF KD 45
	+ Vorgelege	+ Vorgelege		+Vorgelege
Übersetzungen			Gelände 7,70	I. 9,00
			I. 5,36	II. 4,50
			II. 2,55	III. 2,50
			III. 1,46	IV. 1,35
			IV. 1,00	V. 1,00
Vorgelege-Übersetzungen	Straße 0,79	Straße 0,79	–	Straße 1,00
	Gelände 1,231	Gelände 1,231		Gelände 1,41
Antriebs-Übersetzung	6,33	6,33	5,14	6,00
Fahrwerk	U-Profil-Rahmen		U-Profil-Rahmen	U-Profil-Rahmen
Vorderradaufhängung	Starrachse, Halbfedern		Starrachse, Halbfedern	Starrachse, Halbfedern
Hinterradaufhängung	2 Starrachsen, beiderseits		2 Starrachsen, beiderseits	2 Starrachsen, beiderseits
	gemeinsam je 1 Halbfeder		gemeinsam je 1 Halbfeder	gemeinsam je 1 Halbfeder
Lenkung	Schraube		Schnecke	Schraube
Fußbremse	Hydraulisch	Druckluft (Knorr)	Druckluft (Knorr)	Hydraulisch/Druckluft (Knorr)
	6 Räder	4 Hinterräder	4 Hinterräder	6 Räder
Handbremse	4 Hinterräder	4 Hinterräder	4 Hinterräder	Vorder- und Mittelräder
Allgemeine Daten				
Radstand	3650 + 1100 mm		3900 + 1250 mm	3900 + 1050 mm
Spur vorn/hinten	1740/1730/1730 mm		1800/1700/1700 mm	1708/1665/1665 mm
Gesamtmaße	Offener Aufbau:		Offener Aufbau:	
	7400 x 2500 x 3200 mm		7650 x 2350 x 2800 mm	
	Geschlossener Aufbau:		Geschlossener Aufbau:	Geschlossener Aufbau:
	7050 x 2350 x 3000 mm		7100 x 2300 x 2800 mm	7100 x 2300 x 2800 mm
Reifen	7,25–20 Gelände		7,25–20 Gelände	7,25–20 Gelände
	Zwillings-Hinterräder		Zwillings-Hinterräder	Zwillings-Hinterräder
Bodenfreiheit	260 mm		300 mm	265 mm
Watfähigkeit	800 mm		600 mm	600 mm
Wendekreis-ø	20 Meter		21 Meter	20,5 Meter
Fahrzeuggewicht	Offen 5700 kg		Offen 6200 kg	Offen 5700 kg
	Geschlossen 6000 kg		Geschlossen 6500 kg	Geschlossen 6000 kg
Zuläss. Gesamtgewicht	9120 kg		9500 kg	8500 kg
Nutzlast	Offen 3420 kg		Offen 3300 kg	Offen 2800 kg
Anhängelast	3250 kg		–	2000 kg
Höchstgeschwindigkeit	50 km/h		45 km/h	53 km/h
Verbrauch/100 km	Straße 45, Gelände 60 Liter		Straße 45, Gelände 60 Liter	Straße 30, Gelände 45 l Diesel
Kraftstofftank	150 Liter			112 Liter
Fahrbereich	Straße 330, Gelände 250 km			Straße 370, Gelände 240 km

Henschel Typ 33 D 1 als mittl. geländegängiger Lkw. für 3 to Nutzlast (1933-1942).

Magirus (Ulm) hat ab 1938 den Henschel 33 G 1 in Lizenz nachgebaut, jedoch mit eigenem Deutz-Dieselmotor. Zum Teil wurde der Original-Motor Deutz F 6 M 516 mit 125 PS Leistung verwendet, zum Teil der F 6 M 516 H mit 100 PS. Letzterer besaß Deutz-Zylinder, -Büchsen und -Kolben, aber das Henschel-Kurbelgehäuse. – Einziger äußerlicher Unterschied: Am oberen Wasserkasten des Kühlers war beim Lizenz-Nachbaumodell der Magirus-Dom statt des Henschel-Sterns eingegossen.

So sah der in nur kleiner Serie gebaute Vorläufer aus: Henschel Typ 33 B 1 (4 Zylinder 60 PS Benzinmotor) bzw. Henschel Typ 33 D 1 (6 Zylinder 100 PS Dieselmotor) für 3 to Nutzlast. Baujahr 1929.

Von diesen Fahrzeugen waren wohl nur einige wenige Versuchs- oder Einzelexemplare vorhanden. Der Verfasser jedenfalls hat niemals eines gesehen. Die drei oberen Bilder zeigen den Bekleidungs-Entgiftungs-Kraftwagen Kfz. 93 mit dem Fahrgestell des Henschel Typ 33 D 1 (Daten: Eigengewicht 8950 kg, Gefechtsgewicht 9700 kg, Maße 7400 x 2500 x 3050 mm). Das unterste Bild zeigt den Wasserkraftwagen Kfz. 94 mit dem Fahrgestell des Henschel Typ 33 D 1. Er sollte zum Heranholen, Erwärmen und Abgeben von Wasser an die Brausezelte eingesetzt werden. (Daten: Eigengewicht 7860 kg, Gefechtsgewicht 10130 kg, Maße 7100 x 2300 x2500 mm, Wasservorrat 2700 Liter, Wasserentnahme 100 Liter/Minute). Diese Fahrzeuge und einige andere wurden vorsorglich für den Fall eines Gaskrieges entwickelt, zu dem es aber glücklicherweise niemals kam, obwohl die Sowjetarmee ebenso wie die Wehrmacht Gasgranaten mitführte. In den dreißiger Jahren gipfelte die allgemeine Angst vor einem neuen Weltkrieg hauptsächlich in der Furcht vor der Anwendung und den Folgen der Giftgase. Die Vorstellung vom Gaskrieg erschreckte die Menschen damals genauso wie heute die Vorstellung vom Atomkrieg. Aber trotz der zuweilen verzweifelten Notlagen auf beiden Seiten wurde im zweiten Weltkrieg kein Giftgas verschossen. Dies blieb uns erspart, aber auch die Kampfführung mit konventionellen Mitteln war tödlich und schrecklich genug.

Eine Flakbatterie paradiert vor dem Oberbefehlshaber der Luftwaffe, etwa 1937.

Henschel Typ 33 D 1 als Mannschafts-transportwagen, hier in einer Marsch-kolonne der Reichs-wehr, etwa 1934.

Henschel Typ 33 D 1 als großer Nachrichtenwagen Kfz. 62 oder 63.

Henschel Typ 33 D1 als Fernsprechbetriebs-Kraftwagen Kfz. 72, Fernsprechzentrale und -Vermittlung bei einer Luftnachrichten-Einheit.

Abmarsch der Fallschirmjäger in den italienischen Abruzzen im Jahr 1943 mit dem Dreitonner Henschel Typ 33. (Bundesarchiv Bilder 101I-567-1503D-29 und 101I-567-1503 D-28, Toni Schneiders, © CC-BY-SA-3.0).

Henschel Typ 33 D 1 als Flugplatz-Tankspritze TS 2,5 mit Vorbaupumpe, ab 1937 von Metz (Karlsruhe) an die Luftwaffe geliefert.

Die gleichen Aufbauten auf dem geländegängigen Henschel-Fahrgestell lieferte auch Magirus (Ulm). Die hier abgebildete Bauserie ging Ende Februar 1941 an die Luftwaffe.

* Original Deutz Motor

* Kurbelgehäuse von Henschel, dagegen Zylinder, Büchsen und Kolben von Deutz

	m.gl.Lkw. 3 io (6 x 4) HenschelTyp 33 D 1 1933-1942	m.gl.Lkw. 3 to (6 x 4) Henschel Typ 33 G 1 1937-1942	m.gl.Lkw. 3 to (6 x 4) – Magirus (Lizenz Henschel) Typ 33 GI 1938-1940 Typ 33 H 1940-1941	
Motor	Vergasermotor Henschel Typ D	Luftspeicher-Dieselmotor Henschel Typ G	1938-1939 Vorkammer-Dieselmotor* Deutz F6M 516	1939-1941 Vorkammer-Dieselmotor* Deutz F6M 516 H
Zylinderzahl	6 (Reihe)	6 (Reihe)	6 (Reihe)	6 (Reihe)
Bohrung x Hub	120 x160 mm	110 x 160 mm	110 x 160 mm	110 x 160 mm
Hubraum	10857 ccm	9123 ccm	9123 ccm	9123 ccm
Leistung	100 PS bei 1600 U/min	100 PS bei 1500 U/min	125 PS bei 2000 U/min	100 PS bei 1500 U/min
Drehmoment	64 mkg bei 800 U/min	53 mkg bei 800 U/min		53 mkg bei 800 U/min
Verdichtung	1:5,0	1:13,8	1:22	1:22
Vergaser	2 Pallas A IV bzw. (ab 1936) 2 Solex 40 BFVL	–	–	-
Einspritzpumpe	–	Bosch	Deutz	Deutz
Ventile	Hängend Seitliche Nockenwelle Antrieb durch Stirnräder	Hängend Seitliche Nockenwelle Antrieb durch Stirnräder	Hängend Seitliche Nockenwelle Antrieb durch Stirnräder	Hängend Seitliche Nockenwelle Antrieb durch Stirnräder
Kurbelwellenlager	4	4 Auswechselb. Zylinderbüchsen	8 Auswechselb. Zylinderbüchsen	4 Auswechselb. Zylinderbüchsen
Kühlung	Pumpe, 66 Liter Wasser	Pumpe, 66 Liter Wasser	Pumpe, 66 Liter Wasser	Pumpe, 66 Liter Wasser
Schmierung	Druckumlauf, 17 Liter Öl	Druckumlauf, 16 Liter Öl	Druckumlauf, 21 Liter ÖL	Druckumlauf, 21 Liter ÖL
Batterie	12 V 105 Ah	2 x 12 V150Ah	2 x12 V 150 Ah	2 x 12 V 150 Ah
Lichtmaschine	12V 130 W	24 V 500 W	24 V 500 W	24 V 500 W
Anlasser	2,5 PS	6 PS	6 PS	6 PS
Kraftübertragung	Antrieb auf 2 Hinterachsen			
Kupplung	Mehrscheibentrockenkupplung			
Schaltung	Schalthebel Wagenmitte			
Getriebe	5 Gang Henschel			
Übersetzungen	Geländegang 11,66 I. 6,69 – II. 3,70 – III. 1,83 – IV. 1,00			
Antriebs-Übersetzung	4,80			
Fahrwerk	U-Profil-Rahmen			
Vorderradaufhängung	Starrachse, Halbfedern			
Hinterradaufhängung	2 Starrachsen, beiderseits gemeinsam je 2 Halbfedern			
Lenkung	Schnecke (1:14)			
Fußbremse	Druckluft (Knorr), 4 Hinterräder			
Handbremse	Mechanisch, 4 Hinterräder			
Zusatzbremse	Motorbremse			
Allgemeine Daten				
Radstand	3750 + 1100 mm			
Spur vorn/hinten	1800/1740/1740 mm			
Gesamtmaße	Pritschenwagen mit Plane: 7400 x 2500 x 3200 (Höhe über Fahrerverdeck 2500) mm Geschlossener Aufbau: 7000 x 2250 x 3050 mm			
Laderaum	Pritschenwagen: 4000 x 2100 x 1000 mm			
Reifen	7,25-20 Gelände – Zwillings-Hinterräder			
Bodenfreiheit	250 mm			
Watfähigkeit	500 mm			
Wendekreis-ø	21 Meter			
Fahrzeuggewicht	Pritschenwagen 6100 kg Geschlossen 6400 kg	Pritschenwagen 6450 kg Geschlossen 6750 kg		
Zuläss. Gesamtgewicht	9100 kg	9300 kg		
Nutzlast	Pritschenwagen 3000 kg	Pritschenwagen 2850 kg		
Anhängelast	Pritschenwagen 3500 kg Geschlossen 2500 kg	Pritschenwagen 3500 kg Geschlossen 2500 kg		
Höchstgeschwindigkeit	52 km/h	52 km/h		
Verbrauch/100 km	Straße 45, Gelände 60 Liter	Straße 30, Gelände 45 Lit. Diesel		
Kraftstofftank	114 Liter (unt. Beifahrersitz)	114 Liter (unt. Beifahrersitz)		
Fahrbereich	Straße 250, Gelände 190 km	Straße 380, Gelände 250 km		

Diese hauptsächlichste Ausführung gab der »Krupp-Protze« ihren Namen: Krupp L 2 H 43 und L 2 H 143 als Protzkraftwagen Kfz. 69, bestimmt als Zugmittel für die leichte Pak oder Flak.

Krupp L 2 H 143 als Fernsprechbetriebs-Kraftwagen Kfz. 19, auch verwendet als Schall- oder Lichtmeßstellen-Kraftwagen. (Bild links). Das für seine Zeit überaus fortschrittliche Fahrgestell des Krupp L 2 H 143.

Bild links:
Krupp L 2 H 43 der Reichswehr bei einer Geländeprüfungsfahrt im Jahr 1934.

Bild rechts:
In dieser Ausführung mit Aufbau der Firma Uhri wurden um 1937 etwa 300 Krupp-Protzen an das ungarische Heer geliefert.

Krupp-Kfz 69 mit angehängter 3,7-cm-Pak. (Willi Ude, © CC-BY-SA-3.0).

Krupp-Protze auf der Fahrt. Das Sechsradfahrzeug gehörte zu den besten in der Wehrmacht. (Capra, © PD).

Fahrgestell der 1,5-Tonnen-Krupp-Protze mit der Sechsradkonstruktion. (Bundesarchiv Bild 146-1993-039-08, © CC-BY-SA-3.0).

Krupp L 2 H 43 als fahrbarer Landebahn-Scheinwerfer mit Anhänger, etwa 1935.

Größter Beliebtheit erfreute sich bei den deutschen Soldaten die vielseitig verwendbare Krupp-Protze. Hier mit Pritschenaufbau als Mannschaftstransport-Wagen.

Der Mannschaftstransport-Wagen diente hauptsächlich als Gruppenfahrzeug für die mot. Infanterie.

Krupp-Protze als Kfz. 81 mit 2 cm Flak.

In der französischen Armee spielte der in etwa 15 Varianten gebaute Laffly Geländewagen eine ähnliche Rolle wie die Krupp-Protze bei der deutschen Wehrmacht. Abgebildet ist ein von Hotchkiss nachgebauter Laffly S 20 TL mit Sechsrad-Antrieb und Peugeot-Motor (4 Zylinder, 2,3 Liter, 55 PS). Ein Beutefahrzeug, hier eingesetzt für den Vorwarnertrupp einer Schallmeßbatterie. 1941.

Krupp L 2 H 43 unterwegs auf einer Brücke.

Verlassene Krupp-Protze im Jahr 1944 in Ungarn. (Foto: Fortepan / Lissák Tivadar, © CC-BY-SA-3.0)

Krupp-Zugmaschine L 2 H 143 mit angehängter 33-mm-PAK 35/36.

Rund 7000 Krupp-Protzen mit 1000 kg Anhängelast kamen in den Kriegsjahren zum Einsatz.

Fahrgestell der Krupp-Protze. (Foto: Bundesarchiv, Bild 146-1993-039-10, © CC-BY-SA-3.0)

	le.gl.Lkw. 1 to (6 x 4) Krupp L 2 H 43 1933-1936	le.gl.Lkw. 1 to (6 x 4) Krupp L 2 H 143 1937-1941
Motor	Vergasermotor Krupp M 304	
Zylinderzahl	4 (Boxer)	
Bohrung x Hub	90 x 130 mm	
Hubraum	3308 ccm	
Leistung	55 bzw. (ab 1936) 60 PS bei 2500 U/min	60 PS bei 2500 U/min
Drehmoment		
Verdichtung	1:5,2	1:5,2
Vergaser	1 Flachstromvergaser Solex BFLH 40	
Ventile	Hängend, zentrale Nockenwelle	
	Antrieb durch Stirnräder	
Kurbelwellenlager	2	
Kühlung	Luft/Gebläse	
Schmierung	Druckumlauf, 10 Liter Öl	
Batterie	12 V 75 Ah	
Lichtmaschine	400 W	
Kraftübertragung	Antrieb auf 2 Hinterachsen	
	2 Sperrdifferentiale	
Kupplung	Einscheibentrockenkupplung	
Schaltung	2 Schalthebel Wagenmitte	
Getriebe	4 Gang ZF-Aphon Gb 35 L + Vorgelege	4 Gang ZF-Aphon Gb 35 bL + Vorgelege
Übersetzungen	I. 5,50	I. 4,85
	II. 3,52	II. 2,62
	III. 1,59	III. 1,49
	IV. 1,00	IV. 1,00
	Vorgelege 2,22	Vorgelege 2,22
Antriebs-Übersetzung	5,25	5,25
Fahrwerk	U-Profil-Zentralrahmen	
Vorderradaufhängung	Starrachse, Halbfedern	
Hinterradaufhängung	4x Doppel-Querlenker	
	beiderseits gemeinsam je 1 waagrechte Schraubenfeder	
Lenkung	Schnecke	
Fußbremse	Hydraulisch, 6 Räder	
Handbremse	Mechanisch, Getriebe	
Allgemeine Daten		
Radstand	2470 + 860 mm	2445 + 910 mm
Spur vorn/hinten	1580/1555/1555 mm	1585/1560/1560 mm
Gesamtmaße	Protzkraftwagen mit Verdeck:	Protzkraftwagen mit Verdeck:
	5100 x 1960 x 1930 mm	5100 x 1960 x 1930 mm
	Pritschen- oder Gruppenwagen mit Verdeck:	Nachrichten-Kfz. mit geschlossenem Aufbau:
	4950 x 1950 x 2300 mm	5100 x 1920 x 2250 mm
Laderaum	Pritschenwagen: 2450 x 1850 x 375 mm	
Reifen	7,50-17 Gelände	7,50-17 Gelände
	Hinterräder einfachbereift	Hinterräder einfachbereift
Bodenfreiheit	225 mm	225 mm
Watfähigkeit	600 mm	600 mm
Wendekreis-ø	14,5 Meter	14,5 Meter
Fahrzeuggewicht	Protzkraftwagen: 2450 kg	Protzkraftwagen: 2450 kg
	Pritschenwagen: 2600 kg	Nachrichten-Kfz.: 2825 kg
Zuläss. Gesamtgewicht	Protzkraftwagen: 3600 kg	Protzkraftwagen: 3600 kg
	Pritschenwagen 3750 kg	Nachrichten-Kfz: 3680 kg
Anhängelast	1000 kg	1000 kg
Höchstgeschwindigkeit	70 km/h	70 km/h
Verbrauch/100 km	Straße 27, Gelände 40 Liter	Straße 27, Gelände 40 Liter
Kraftstofftank	110 Liter (rechts am Rahmen)	110 Liter (rechts am Rahmen)
Fahrbereich	Straße 400, Gelände 275 km	Straße 400, Gelände 275 km

Der Steyr 640 war ein im Stil der frühen dreißiger Jahre ziemlich aufwendig konstruierter Sechsrad-Gelände-Lastwagen. In den Schützen- bzw. Panzergrenadierregimentern der 2. Pz.Div. (Wien) und der 9. Pz.Div. (St. Pölten) waren diese Fahrzeuge bis etwa 1942 zahlreich vertreten. Ein beträchtlicher Teil der Produktion wurde an verbündete Armeen verkauft.

Steyr Typ 640 als Sanitäts-Kraftwagen.

Nur selten begegnete man dem Austro-Daimler ADGR bei der Wehrmacht. Von diesem Dreitonner Militär-Lkw. waren lediglich einige hundert Stück hergestellt worden.

Fahrzeugkolonne, darunter ein Steyr 640 Sechsrad-Lkw links vorne, im russischen Schlamm, 1942. (Bundesarchiv Bild 101I-216-0403-06, Gellert, © CC-BY-SA-3.0).

	le.gl.Lkw. 1,5 to (6 x 4) Steyr Typ 640 1937-1941	le.gl.Lkw. 2,5 to (6 x 4) Austro-Daimler ADGR 1936-1940
Motor	Vergasermotor	Vergasermotor
	Steyr Typ M 640	Austro-Daimler Typ M 640
Zylinderzahl	6 (Reihe)	6 (Reihe)
	Leichtmetallblock	Leichtmetallblock
Bohrung x Hub	73 x 90 mm	85 x 115 mm
Hubraum	2260 ccm	3915 ccm
Leistung	55 PS bei 3800 U/min	72 PS bei 2500 U/min
Drehmoment	13,5 mkg bei 1500 U/min	21 mkg bei 1900 U/min
Verdichtung	1:6,5	1:5,77
Vergaser	1 Pallas SAF 35 oder	1 Zenith 48 JB
	1 Solex JFPII	
Ventile	Hängend	Hängend
	Seitliche Nockenwelle	Nockenwelle im Zylinderkopf
	Antrieb durch Stirnräder	Antrieb durch Stirnräder
		und Triplex-Rollenkette
Kurbelwellenlager	8	7
Kühlung	Wasser/Pumpe	Wasser/Pumpe
Batterie	12 V 60 Ah	12 V 105 Ah
Kraftübertragung	Antrieb auf 2 Hinterachsen	Längsgeteilter Antrieb
	2 Sperrdifferentiale	auf je 2 Hinterräder einer Seite
		Sperrdifferential
Kupplung	Zweischeibenkupplung im Öl	Einscheibentrockenkupplung
Getriebe	4 Gang + Vorgelege	7 Gang
Antriebs-Übersetzung	5,75	5,75
Fahrwerk	U-Profil-Rahmen	Zentral-Kastenrahmen
Vorderradaufhängung	Starrachse, Halbfedern	Starrachse, Halbfedern
Hinterradaufhängung	2 Schwingachsen beiderseits	2 Schwingachsen je 1 Halbfeder
	gemeinsam je 1 Halbfeder	beiderseits gemeinsam je 1 Halbfeder
Lenkung	Schraube	Schnecke
Fußbremse	Hydraulisch, 6 Räder	Hydraulisch, 4 Hinterräder
Handbremse	Mechanisch, 4 Hinterräder	Mechanisch, Vorderräder
Allgemeine Daten		
Radstand	2500 + 1060 mm	3120 + 1200 mm
Spur vorn	1380 mm	1410 mm
Spur hinten	1400/1400 mm	Innenräder: 1410/1410 mm
		Außenräder: 1920/1920 mm
Gesamtmaße	Lkw. mit Pritsche: 5330 x 1730 x 2330 mm Krankenwagen Typ 640/643: 4880 x 1800 x 2650 mm	Lkw. mit Pritsche: 6500 x 2135 x 2330 mm
Ladefläche	Pritsche: 2700 x 1470 mm	Pritsche: 3500 x 1850 mm
Reifen	7,00-18 Gelände Hinterräder einfachbereift	7,00-20 Gelände Zwillings-Hinterräder
Bodenfreiheit	220 mm	280 mm
Watfähigkeit	600 mm	1000 mm
Wendekreis-ø	15 Meter	13,2 Meter
Fahrzeuggewicht	Lkw. 2400, Krkw. 2885 kg	Lkw. 4420 kg
Zuläss. Gesamtgewicht	Lkw. 4000, Krkw. 3800 kg	
Nutzlast	Lkw. 1600, Krkw. 915 kg	Lkw. 3000 kg
Anhängelast	Lkw. 2500 kg	Lkw. 4000 kg
Höchstgeschwindigkeit	70 km/h	70 km/h
Verbrauch/100 km	Straße 27, Gelände 40 Liter	Straße 35, Gelände 45 Liter
Kraftstofftank	75 Liter (im Motorraum)	145 Liter
Fahrbereich	Straße 270, Gelände 180 km	Straße 410, Gelände 320 km

Ein Versuchs-Fahrgestell für den späteren Einheits-Diesel bei der Geländeerprobung in der Nähe von Nürnberg. Verwendet wird hier noch der verchromte Kühler des handelsüblichen MAN-Lastwagens.

Ein Einheits-Diesel als Meßstellen-Kraftwagen Kfz. 63. Schlammperiode südlich Rshew im Spätherbst 1941.

Magirus-Drehleiter (22 Meter Steighöhe) auf Einheits-Fahrgestell, geliefert 1940 an das OKH in Berlin.

Einheits-Diesel als Werkstattwagen mit Hebezeug, 1939.

Der »Einheits-Diesel« als geländegängiger Lkw. mit Stahlpritsche für 2,5 to Nutzlast. Gewiß war seine Tragfähigkeit etwas gering, doch davon abgesehen gehörte der »Einheits-Diesel« zu den besten Lastkraftwagen der deutschen Wehrmacht.

Einheitsdiesel mit angehängter 15-cm-Artillerie in Dänemark.

Geländegängiger Einheitsdiesel der Jahre 1937 bis 1940.

Einheitsdiesel von Magirus, einem der neun Hersteller dieses Fahrzeuges.

	le. gl. Einheits-Lkw. 2,5 to (6 x 6) „Einheits-Diesel" MAN, Büssing-NAG, Henschel, Borgward, Magirus, Krupp, Faun 1937-1940
Motor	Luftkammer-Dieselmotor, Baumuster HWa 526 D
Zylinderzahl	6 (Reihe)
Bohrung x Hub	105 x 120 mm
Hubraum	6234 ccm
Leistung	80 PS bei 2400 U/min
Verdichtung	1:15
Einspritzpumpe	Bosch oder Deckel
Ventile	Hängend, seitliche Nockenwelle, Antrieb durch Stirnräder
Kurbelwellenlager	7
	Auswechselbare Zylinderbüchsen
Kühlung	Pumpe, 28 Liter Wasser
Schmierung	Druckumlauf, 17 Liter Öl
Batterie	2 x 12 V 105 Ah (unter Fahrersitz)
Lichtmaschine	12 V 300 W
Anlasser	24 V 6 PS
Kraftübertragung	6 Rad-Antrieb
	3 Selbstsperrdifferentiale + 1 Sperrdifferential im Vorgelege
Kupplung	Einscheibentrockenkupplung
Schaltung	2 Schalthebel Wagenmitte
Getriebe	4 Gang + Vorgelege
Übersetzungen Getriebe	I. 6,50, II. 3,18, III. 1,78, IV. 1,00
Übersetzungen Vorgelege	Straße 1,03, Gelände 2,175
Antriebs-Übersetzung	5,25
Fahrwerk	U-Profil-Rahmen
Vorderradaufhängung	Doppel-Querlenker, Schwingarme, Schraubenfedern waagrecht
Hinterradaufhängung	Doppel-Querlenker, Schwingarme, Schraubenfedern waagrecht
Lenkung	Schnecke
Fußbremse	Druckluft (Bosch oder Knorr), 6 Räder
Handbremse	Mechanisch, Getriebe

Allgemeine Daten	**Pritschenwagen**	**Meßstellen-Kfz.**	**Nachrichten-Kfz. oder A-Wagen**
Radstand	3100 + 1100 mm	3100 + 1100 mm	3100 + 1100 mm
Spur vorn/hinten	1720/1720/1720 mm	1720/1720/1720 mm	1720/1720/1720 mm
Gesamtmaße	5850 x 2200 x 2400 mm	6110 x 2235 x 2485 mm	6000 x 2000 x 2760 mm
Laderaum	3000 x 2000 x 850 mm		3040 x 1900 x 1600 mm
Felgen	Flachbett 7"-18	Flachbett 7"-18	Flachbett 7"-18
Reifen	210-18 Gelände	210-18 Gelände	210-18 Gelände
Bodenfreiheit	250 mm	250 mm	250 mm
Watfähigkeit	800 mm	800 mm	800 mm
Wendekreis-ø	17 Meter	17 Meter	17 Meter
Fahrzeuggewicht	5000 kg	5400 kg	5500 kg
Zuläss. Gesamtgewicht	7500 kg	7300 kg	7500 kg
Nutzlast	2500 kg	1900 kg	2000 kg
Zugkraft am Haken	1500 kg	1500 kg	1500 kg
Anhängelast	3500 kg	3500 kg	3500 kg
Besatzung	1 + 1 + 24 Mann	1 + 1 + 6 Mann	1 + 1 + 8 Mann
Höchstgeschwindigkeit	70 km/h	70 km/h	70 km/h
Verbrauch/100 km	Straße 30, Gelände 45 l Diesel	Straße 30, Gelände 45 l Diesel	Straße 30, Gelände 45 l Diesel
Kraftstofftank	100 + 15 Liter (unter Beifahrersitz)	100 + 15 Liter (unter Beifahrersitz)	100+ 15 Liter (unter Beifahrersitz)
Fahrbereich	Straße 360, Gelände 260 km	Straße 360, Gelände 260 km	Straße 360, Gelände 260 km

Tatra Typ 92 (1937-1940).

Praga Typ RV (1935-1939).

Tatra Typ 111 Pritschenwagen und Kastenwagen (1942-1944).

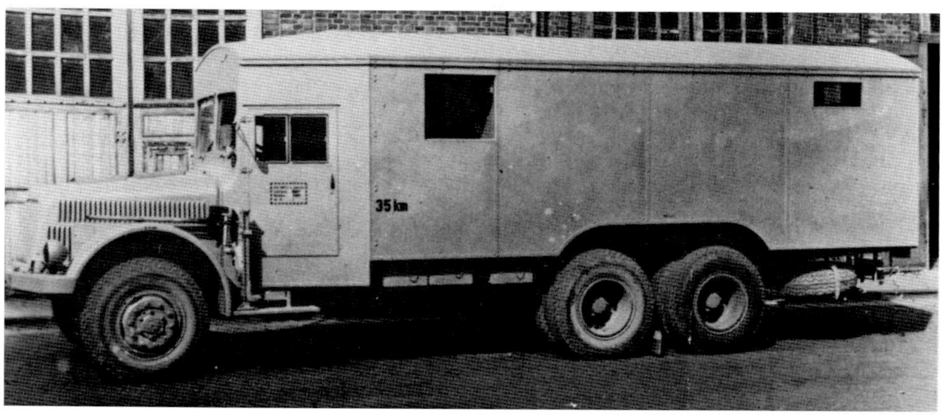

	le. gl. Lkw. 2 to (6 x 4) Praga Typ RV 1935-1939	le. gl. Lkw. 2 to (6 x 4) Tatra Typ 92 1937-1940	s. gl. Lkw. 6,5 to (6 x 6) Tatra Typ 111 1942-1944
Motor	Praga Vergasermotor	Tatra Vergasermotor	Tatra Dieselmotor
			mit Direkteinspritzung
Zylinderzahl	6	V 8	V 12
Bohrung x Hub	80 x 115 mm	80 x 99 mm	110 x 130 mm
Hubraum	3468 ccm	3980 ccm	14825 ccm
Leistung Drehmoment	68 PS bei 3000 U/min 18,6 mkg	70 PS bei 2500 U/min	175 PS bei 1800 U/min
Verdichtung	1 :5,8	1:5,5	1:16,5
Vergaser	1 Solex 40 RIF	1 Solex 35 JFF	—
Einspritzpumpe	—	—	2 Bosch
Ventile	Seitlich stehend	Hängend	Hängend
Kurbelwellenlager	4	5	7
Kühlung	Wasser/Pumpe	Luft/Gebläse	Luft/2 Gebläse
Batterie	12 V 60 oder 75 Ah	2x 6 V 87,5 Ah	
Kraftübertragung	Antrieb auf 2 Hinterachsen	Antrieb auf 2 Hinterachsen	Allrad-Antrieb
Getriebe	4 Gang + Vorgelege	4 Gang + Vorgelege	4 Gang + Vorgelege
Übersetzungen Getriebe	I. 5,95	I. 6,20	I. 5,29
	II. 3,07	II. 3,24	II. 2,78
	III. 1,785	III. 1,975	III. 1,62
	IV. 1,00	IV. 1,00	IV. 1,00
Übersetzungen Vorgelege	Straße 2,785	Straße 1,73	Straße 1,82
	Gelände 4,89	Gelände 3,74	Gelände 4,52
Antriebs-Übersetzung	2,66	3,00	3,19
Fahrwerk	U-Profil-Rahmen	Zentralrohr Rahmen	Zentralrohr-Rahmen
Vorderradaufhängung	Pendel-Schwingachse	Querlenker	Pendel-Schwingachse
	Querlenker, Federstäbe	Querfeder	Viertelfedern
Hinterradaufhängung	2 Pendel-Schwingachsen	2 Pendel-Schwingachsen	2 Pendel-Schwingachsen
	beiderseits gemeinsam	beiderseits gemeinsam	beiderseits gemeinsam
	je 1 Halbfeder	je 1 Halbfeder	je 1 Halbfeder
Lenkung	Schnecke	Schnecke	Schnecke ZF-Roß
Fußbremse	Hydraulisch	Hydraulisch	Druckluft
Fußbremse wirkt auf	6 Räder	6 Räder	6 Räder
Handbremse wirkt auf	Kardanwelle zwischen den Hinterachsen	4 Hinterräder	Kardanwelle
Allgemeine Daten			
Radstand	3100 + 920 mm	2800 + 940 mm	4175 + 1220 mm
Spur	1350/1500/1500 mm	1500/1545/1545 mm	2080/1800/1800 mm
Gesamtmaße	5690 x 2000 x 2090 mm	5495 x 2000 x 2130 mm	8550 x 2500 x 2570 mm
	Lkw. mit Plane:	Lkw. mit Plane:	Lkw. mit Plane:
	5690 x 2000 x 2500 mm	5495 x 2000 x 2610 mm	8550 x 2500 x 3100 mm
Ladefläche	3000 x 1800 mm	3025 x 1818 mm	5500 x 2350 mm
Reifen	6,00-20	6,00-20	10,50 oder 270-20
	Hinterräder zwillingsbereift	Hinterräder zwillingsbereift	Hinterräder zwillingsbereift
Bodenfreiheit Watfähigkeit	260 mm	255 mm 390 mm	270 mm
Wendekreis-ø	14 Meter	15 Meter	20 Meter
Fahrzeuggewicht	3810 kg	3580 kg	8350 kg
Nutzlast	2000 kg	2000 kg	6350 kg
Anhängelast	2000 kg	3000 kg	
Höchstgeschwindigkeit	70 km/h	70 km/h	75 km/h
Verbrauch/100 km	Straße 35 Liter	Straße 35 Liter	Straße 35 Liter Diesel
Kraftstofftank	122 + 15 Liter	130 Liter	160 Liter
Fahrbereich	Straße 390 km	Straße 370 km	Straße 450 km

In der Aufbauzeit der Wehrmacht glaubte man noch, die Panzertruppe schneller und schonender an weiter entfernte Orte bringen zu können, indem man die Panzerkampfwagen »verlastete«. Verwendet wurden für diesen Zweck dreiachsige Neuntonner-Lastwagen (Stückpreis etwa 30 000 RM) der Marken Faun und Büssing-NAG, dazu je ein Tieflader-Anhänger, der gleichzeitig als Auffahrrampe auf den Zugwagen diente. Es waren schätzungsweise 200 solcher Züge vorhanden. Zwar boten sie bei Paraden in Berlin und bei den Nürnberger Parteitagen ein eindruckvolles Bild, doch für den kriegsmäßigen Einsatz besaßen sie wenig Eignung. Es fehlte den Dreiachsern die auch auf den Anmarschwegen notwendige Geländegängigkeit. Zudem konnten sie nur die leichten Panzer I und II befördern, mit denen sowieso bald kein Blumentopf mehr zu gewinnen war. Panzerkompanien mit verlasteten Kampffahrzeugen gab es bei den leichten Divisionen, die, wie schon vor Kriegsbeginn geplant, ab Ende 1939 zu normalen Panzer-Divisionen umgewandelt wurden. Die Neuntonner-Transporter kamen nun teilweise bei den Pionieren zum Einsatz, andere wurden zum Munitions-Nachschub verwendet (z. B. auf der Strecke Dorpat - Riga). Einige der großen Büssing hat man schließlich sogar noch zu Selbstfahrlafetten für die 8,8 cm Flak umgebaut, wofür sie ja wahrhaftig wenig geeignet waren. Zwei solcher Fahrzeuge waren zuletzt bei der Verteidigung von Budapest eingesetzt.

	schw. Lkw. 9 to (6 x 4) Büssing-NAG Typ 900 1937-1939	schw. Lkw. 9 to (6 x 4) Faun Typ L 900 D 567 1937-1939
Motor	Dieselmotor	Dieselmotor
	Büssing-NAG GD 6	Deutz F 6 M 517
Zylinderzahl	6	6
Bohrung x Hub	130 x 170 mm	130 x 170 mm
Hubraum	13539 ccm	13538 ccm
Leistung	130 PS bei 1500 U/min	150 PS bei 1600 U/min
Verdichtung	1:17	1:22
Einspritzpumpe	Bosch	Bosch
Ventile	Hängend	Hängend
	Seitliche Nockenwelle	Seitliche Nockenwelle
	Antrieb durch Stirnräder	Antrieb durch Stirnräder
Kurbelwellenlager	7	7
Kühlung	Wasser/Pumpe	Wasser/Pumpe
Batterie	2 x 12 V 150 Ah	2 x 12 V 150 Ah
Kraftübertragung	Antrieb auf 2 Hinterachsen	Antrieb auf 2 Hinterachsen
	Mehrscheibentrockenkupplung	Mehrscheibentrockenkupplung
Getriebe	4 Gang Büssing-NAG	4 Gang ZF K 60
Übersetzungen	I. 5,36	I. 6,15
	II. 3,15	II. 3,60
	III. 1,68	III. 1,86
	IV. 1,00	IV. 1,00
Antriebs-Übersetzung	6,95 oder 6,05 Verteilergetriebe 1,68	6,50
Fahrwerk	U-Profil-Rahmen	U-Profil-Rahmen
Vorderradaufhängung	starr, Halbfedern	starr, Halbfedern
Hinterradaufhängung	2 Starrachsen	2 Starrachsen
	beiderseits gemeinsam je 2 Halbfedern	beiderseits gemeinsam je 2 Halbfedern
Lenkung	Schnecke	Schraube
Bremse	Druckluft (Knorr)	Druckluft (Bosch)
Fußbremse wirkt auf	6 Räder	6 Räder
Handbremse wirkt auf	4 Hinterräder	Kardanwelle
Allgemeine Daten		
Radstand	5450 + 1450 mm	5475 + 1400 mm
Spur vorn/hinten	2028/2080 mm	2095/1975 mm
Gesamtmaße	9900 x 2500 x 2600 mm	9800 x 2500 x 2600 mm
Ladefläche	6500 x 2360 mm	6000 x 2320 mm
Reifen	13,50-22 extra	13,50-20 extra
	Hinterräder einfachbereift	Hinterräder einfachbereift
Bodenfreiheit		300 mm
Wendekreis-ø	23 Meter	21 Meter
Fahrzeuggewicht	8720 kg	8900 kg
Nutzlast	9500 kg	9500 kg
Höchstgeschwindigkeit	58 km/h	50 km/h
Verbrauch/100 km	Straße 45 Liter Diesel	Straße 55 Liter Diesel
Kraftstofftank		200 Liter
Fahrbereich		360 km

Büssing NAG Typ 900 als Panzertransporter.

Aus dem Faun 9 to Dreiachs-Lastwagen wurde das schwere Kranfahrzeug Faun LK 5 für 7 bis maximal 9 to Tragfähigkeit abgeleitet. Sein Einsatz erfolgte bei den Eisenbahn-Pionieren. Zum Betrieb des Krans wurde der Dieselmotor des Fahrzeugs auf den eingebauten Generator umgeschaltet, dessen Strom den Kran bewegte. Man konnte mit angehobener und blockierter Last fahren. Das Lenken des Krans und vor allem das Umsetzen auf Schienen war schwierig und anstrengend.

Schwere Pkw. und leichte Lkw. unterschieden sich bei der Wehrmacht im wesentlichen nur durch verschiedene Aufbauten. Zahlreiche schwere Pkw. wurden zu behelfsmäßigen Pritschen-, Kasten- oder Sanitätswagen umgebaut. Letzteres geschah besonders häufig mit dem Horch 830 BL.

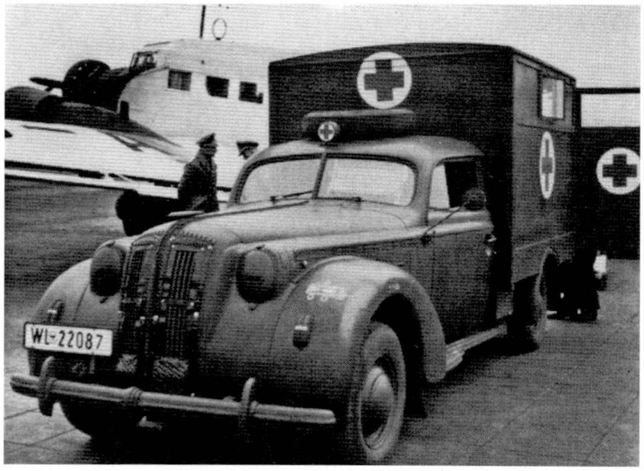

Ebenso sieht man hier einen Opel Admiral als behelfsmäßigen Sanitätskraftwagen. Solche Fahrzeuge wurden hauptsächlich zum Verwundetentransport auf Feldflugplätzen oder im Heimatkriegsgebiet eingesetzt.

Behelfsmäßig umgebaute Pkw. gab es hingegen auch bei der Fronttruppe, insbesondere bei Infanteriedivisionen. Der Opel Admiral mit angehängter Pak wird allerdings nicht sehr alt geworden sein, denn die Folgen der Überladung sind auf dem Bild deutlich zu erkennen.

Auch Beutefahrzeuge wurden in entsprechender Weise häufig umgebaut. Hier ein tschechischer Skoda Superb.

Die wenigen handelsüblichen leichten Lkw., welche die Reichswehr brauchte, waren bis in die dreißiger Jahre normalerweise Phänomen Granit 2500 H (»H« wie Heer). Vermutlich bevorzugte man diesen Wagentyp, weil er als Sanitäts-Kraftfahrzeug bereits in größerer Zahl eingeführt war.

Immerhin etwa 6000 Stück Citroën 23 R Zweitonner-Lkw. gingen in den Jahren 1940 bis 1943 an die Wehrmacht. Die Fahrzeuge haben sich ausgezeichnet bewährt.

Phänomen Granit 2500 H mit Strohballen auf der Haube. (Bundesarchiv Bild 101I-268-0176-31, Böhmer, © CC-BY-SA-3.0).

Der Borgward Eintonner in Wehrmachtausführung (4 Zylinder, 1,4 Liter, 33 PS) dürfte wohl der kleinste serienmäßige Lkw. bei der Grundausstattung der Wehrmacht gewesen sein.

Aber auch die Reichswehr besaß Autos aller Marken und Typen, zumal bei Standort- und anderen Verwaltungen. Hier ein Magirus Typ M 10 (18 PS, 1 to Nutzlast) der Heeres-Standortverwaltung Ulm. Solche Einzelfahrzeuge wurden, wenn es sich ergab, eben am Standort angekauft.

Opel-Blitz 1 to als Feuerlöschfahrzeug KzS 8 (Aufbau Magirus), im März 1937 an das OKH (Berlin) geliefert.

Opel-Blitz 1,5 to mit serienmäßigem Fahrerhaus als Kraftzugspritze KzS 8. Die Firma Rosenbauer (Linz/Österreich) lieferte 1938 an die Luftwaffe 175 Stück dieses Modells.

Opel-Blitz 1,5 to mit offenem Fahrerhaus als Kraftzugspritze KzS 8 (Aufbau Magirus), ebenfalls ab 1938 in großer Zahl an das Reichsluftfahrtministerium geliefert.

Wehrmachtausführung des »kleinen« Opel-Blitz für 1,5 to Nutzlast, von dem in den Jahren 1938 bis 1942 ungefähr 10 000 Stück übernommen wurden. Sie waren zuverlässig, gutmütig, robust und dauerhaft.

	le.Lkw. 1,5 to (o) (4 x 2) Phänomen Granit 25 H 1931-1933	**le.Lkw. 1,5 to (o) (4 x 2) Opel-Blitz Typ 2,5-32 1938-1942**
Motor	Vergasermotor	Vergasermotor
	Phänomen Granit 25	Opel 2,5 Liter
Zylinderzahl	4 (Reihe)	6 (Reihe)
Bohrung x Hub	85 x 110 mm	80 x 82 mm
Hubraum	2497 ccm	2473 ccm
Leistung	37 PS bei 2500 U/min	53 PS bei 3400 U/min
Drehmoment	13,5 mkg	
Verdichtung	1:5,3	1:6
Vergaser	1 Solex 30 BFLV	1 Solex 30 JF
Ventile	Stehend	Hängend
	Seitliche Nockenwelle	Seitliche Nockenwelle
	Antrieb durch Duplex-Kette	Antrieb durch Stirnräder
Kurbelwellenlager	3	4
Kühlung	Luft/Gebläse	Wasser/Pumpe
Schmierung	Druckumlauf, 6 Liter Öl	Druckumlauf, 5,2 Liter Öl
Batterie	12 V	6 oder 12 V
Kraftübertragung	Antrieb auf Hinterräder	Antrieb auf Hinterräder
Kupplung	Einscheibentrockenkuppl.	Einscheibentrockenkuppl.
Schaltung	Schalthebel Wagenmitte	Schalthebel Wagenmitte
Getriebe	3 Gang + Schnellgang	4 Gang
Übersetzungen	I. 3,56	I. 4,48
	II. 1,74	II. 2,61
	III. 1,00	III. 1,68
	Schnellgang 0,78	IV. 1,00
Antriebs-Übersetzung	6,875	5,50
Fahrwerk	U-Profil-Rahmen	U-Profil-Rahmen
Vorderradaufhängung	Starrachse, 1 Querfeder	Starrachse, Halbfedern
Hinterradaufhängung	Starrachse, Halbfedern	Starrachse, Halbfedern
Lenkung	Schnecke	Schnecke
Fußbremse	Mechanisch (Gestänge)	Hydraulisch
	4 Räder	4 Räder
Handbremse	Mechanisch, Getriebe	Mechanisch, Hinterräder
Allgemeine Daten		
Radstand	3550 mm	3250 mm
Spur vorn/hinten	1420/1420 mm	1340/1360 mm
Gesamtmaße	5330 x 1800 x 2400 m m	5400 x 1940 x 1845 bzw.
		(mit Plane) 2285 mm
Ladefläche	2750 x 1756 mm	2900 x 1800 mm
Reifen	vorn 6,00-20 T	5,50-18 Gelände
	hinten 7,25-20 Z	Zwillings-Hinterräder
Bodenfreiheit	205 mm	206 mm
Watfähigkeit	375 mm	
Wendekreis-ø	14,5 Meter	13 Meter
Fahrzeuggewicht	2000 kg	1525 kg
Zuläss. Gesamtgewicht	3500 kg	3200 kg
Nutzlast	1500 kg	1675 kg
Höchstgeschwindigkeit	65 km/h	80 km/h
Verbrauch/100 km	Straße 15,5 Liter	Straße 16,5 Liter
Kraftstofftank	53 Liter	57 Liter
Fahrbereich	Straße 340 km	Straße 340 km

Bild oben links:
Ein Opel Blitz-Lkw, beladen mit Wehrmachtssoldaten, unterwegs 1941 in Ungarn. Kein anderer Lkw war zahlreicher in der Wehrmacht vertreten. (Fortepan Album002, © CC-BY-SA-3.0).

Bild rechts:
Opel Blitz transportiert Soldaten in Italien. Ab 1942 musste auch Daimler dieses bewährte Lastwagenmodell bauen. (Bundesarchiv Bild 101I-303-0554-24, Funke, © CC-BY-SA-3.0).

Montage von Opel Blitz-Lastwagen in einer Werkstatthalle. (Fortepan Lissak Tivadar, © CC-BY-SA-3.0).

Mercedes-Benz L 1500 S (1940/41) parallel zum A-Typ als leichter Lkw. entwickelt, dann aber hauptsächlich als Feuerwehrfahrzeug eingesetzt. Der 1500 A hingegen lief hauptsächlich als Mannschafts- oder Gruppenwagen.

Ebenso wurde der Steyr 1500 A nur in geringer Stückzahl als Lkw. gebaut, weit überwiegend hingegen als großer Mannschaftswagen.

Die Auto Union stellte ihren Typ 1500 A Anfang 1942 vor. Der 2,7 Liter Sechszylinder Wanderer-Motor war unter dem Fahrerhaus angeordnet. Die Wehrmacht hat zwar 10 Vorserienwagen übernommen, dann aber veranlaßt, daß bei Wanderer statt des eigenen Modells der Steyr 1500 A in Lizenz gebaut wurde.

Auch der Phänomen Granit 1500 A blieb im Krieg als Lastwagen (zuletzt übrigens mit Einheits-Fahrerhaus) ziemlich selten, und auch als Mannschaftswagen war er wohl nur beim Afrikakorps eingesetzt. Hingegen kannte jeder Frontsoldat den bewährten und zuverlässigen Sanitätskraftwagen dieses Typs.

Die ersten Krankenwagen, welche Phänomen an die Wehrmacht lieferte, hatten zwar einen überdeckten, aber seitlich völlig offenen Fahrersitz, ähnlich wie ein Kübelwagen. Hier sieht man ein Fahrzeug dieser Ausführung, von der deutschen Luftwaffe im Rahmen der Legion Condor (Pol. Kennzeichen: LC) im spanischen Bürgerkrieg eingesetzt.

Mercedes-Benz L 1500 E Wehrmacht-Krankenwagen 1937-1938.

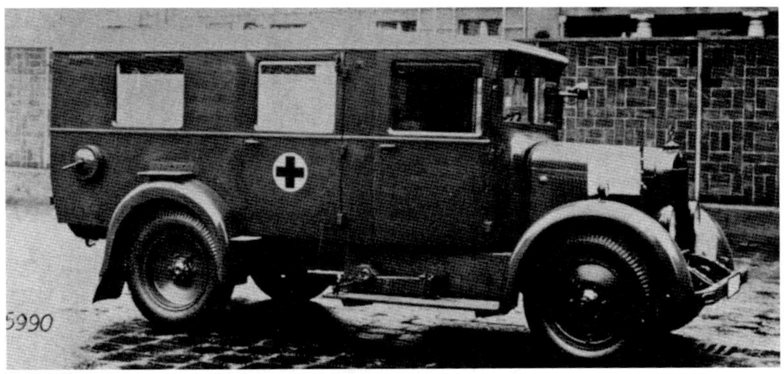

Linke Spalte:
Der Adler W 61 war verwandt mit dem Adler Kübelwagen 3 Gd, besaß aber den 2,5 Liter-Motor des Typs 10 (»Autobahn-Adler«). Der Adler W 61 ging 1938/39 in relativ beschränkter Stückzahl an die Wehrmacht, zum Teil als Pritschen- und zum Teil als Krankenkraftwagen. Auch die ersteren liefen wohl ausschließlich bei Sanitätseinheiten. Andererseits ist aber auch ein Fall bekannt, daß eine 1939 neu aufgestellte Panzerjäger-Einheit einen fabrikneuen, aber noch leeren Adler Sanitätswagen erhielt, der dann als Funkwagen Kfz. 17 eingerichtet wurde und lief.

	Wehrmacht-Krankenwagen Mercedes-Benz L 1500 E 1937-1938	Wehrmacht-Krankenwagen Adler Typ W 61 K 1937-1939	Wehrmacht-Krankenwagen Phänomen Granit 25 H 1936-1939	Wehrmacht-Krankenwagen Phänomen Granit 1500 S 1940-1944
Motor	Vergasermotor	Vergasermotor	Vergasermotor	Vergasermotor
	Daimler-Benz M 143	Adler 2,5 Liter	Phänomen Granit 25	Phänomen Granit 27
Zylinderzahl	6 (Reihe)	6 (Reihe)	4 (Reihe)	4 (Reihe)
Bohrung x Hub	72,5 x 90 mm	71 x 105 mm	85 x 110 mm	85 x 118 mm
Hubraum	2229 ccm	2499 ccm	2497 ccm	2678 ccm
Leistung	44 PS bei 2800 U/min	58 PS bei 3800 U/min	37 PS bei 2500 U/min	50 PS bei 2800 U/min
Drehmoment			13,5 mkg	16 mkg bei 1500 U/min
Verdichtung	1:6,56	1:6,25	1:5,3	1:5,3
Vergaser	1 Fallstromvergaser Solex	je 1 Flachstromvergaser	1 Solex BFLV	1 Solex 32 FJ II
		Solex 30 BFRH und BFLH		
		in Registeranordnung		
Ventile	Seitlich stehend	Seitlich stehend	Seitlich stehend	Seitlich stehend
	Seitliche Nockenwelle	Seitliche Nockenwelle	Seitliche Nockenwelle	Seitliche Nockenwelle
	Antrieb durch Stirnräder	Antrieb durch Stirnräder	Antrieb durch Duplex-Kette	Antrieb durch Duplex-Kette
Kurbelwellenlager	5	4	3	3
Kühlung	Pumpe, 11,7 Liter Wasser	Pumpe, 16 (bzw. ab Fahrg.-	Luft/Gebläse	Luft/Gebläse
		Nr. 113103) 13 Liter Wasser		
Schmierung	Druckumlauf, 5,5 Liter Öl	Druckumlauf, 8 Liter Öl	Druckumlauf, 6 Liter Öl	Druckumlauf, 7 Liter Ol
Batterie	12 V 75 Ah	12 V75 Ah	12 V	12 V 62,5 Ah
Kraftübertragung	Antrieb auf Hinterräder	Antrieb auf Hinterräder	Antrieb auf Hinterräder	Antrieb auf Hinterräder
Kupplung	Einscheibentrockenkupplung	Einscheibentrockenkupplung	Einscheibentrockenkupplung	Einscheibentrockenkupplung
Schaltung	Schalthebel Wagenmitte	Schalthebel Wagenmitte	Schalthebel Wagenmitte	Schalthebel Wagenmitte
Getriebe	4 Gang ZF K 30	4 Gang Adler	4 Gang Prometheus	4 Gang Prometheus
Übersetzungen	I. 5,56	I. 4,76	I. 4,52	I. 6,09
	II. 3,07	II. 2,33	II. 2,20	II. 3,09
	III. 1,80	III. 1,57	III. 1,27	III. 1,71
	IV. 1,00	IV. 1,00	IV. 1,00	IV. 1,00
Antriebs-Übersetzung	5,17	6,40 oder 6,70	5,44	5,17
Fahrwerk	U-Profil-Rahmen	U-Profil-Rahmen	U-Profil-Rahmen	U-Profil-Rahmen
Vorderradaufhängung	Starrachse, Halbfedern	Starrachse, Halbfedern	Starrachse, 1 Querfeder	Starrachse, Halbfedern
Hinterradaufhängung	Starrachse, Halbfedern	Starrachse, Halbfedern	Starrachse, Halbfedern	Starrachse, Halbfedern
Lenkung	Schnecke	Schnecke	Schnecke	Schnecke
Fußbremse	Hydraulisch	Hydraulisch	Mechanisch (Gestänge)	Hydraulisch
	4 Räder	4 Räder	4 Räder	4 Räder
Handbremse	Mechanisch, Getriebe	Mechanisch, Getriebe	Mechanisch, Getriebe	Mechanisch, Hinterräder
Schmierung	Nippel	Zentral	Nippel	Nippel
Allgemeine Daten				
Radstand	3200 mm	3250 mm	3260 mm	3270 mm
Spur vorn/hinten	1500/1500 mm	1430/1590 mm	1430/1532 mm	1350/1450 mm
Gesamtmaße			5100 x 2040 x 2250 mm	5490 x 1890 x 2085 mm
Ladefläche			2300 x 1500 mm	
Reifen	7,00-20 Gelände	7,00-20 Gelände	7,00-20 T	6,00-20
	Hinterräder einfachbereift	Hinterräder einfachbereift	Hinterräder einfachbereift	Zwillings-Hinterräder
Bodenfreiheit	225 mm		230 mm	230 mm
Watfähigkeit			375 mm	525 mm
Wendekreis-ø	12 Meter	13,8 Meter	13,5 Meter	13,5 Meter
Wagengewicht	2400 kg	2050 kg	2360 kg	2135 kg
Zuläss. Gesamtgewicht	3500 kg	3550 kg	2960 kg	3750 kg
Nutzlast	1100 kg	1500 kg	600 kg	1600 kg
Höchstgeschwindigkeit	72 km/h	80 km/h	73 km/h	85 km/h
Verbrauch/100 km	Straße 17 Liter	Straße 17 Liter	Straße 15,5 Liter	Straße 17 Liter
Kraftstofftank		65 Liter (im Heck)	52 Liter	72 Liter
Fahrbereich		Straße 380 km	Straße 330 km	Straße 430 km

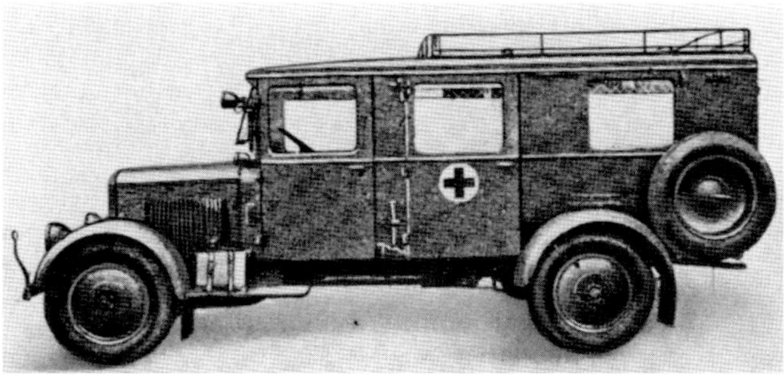

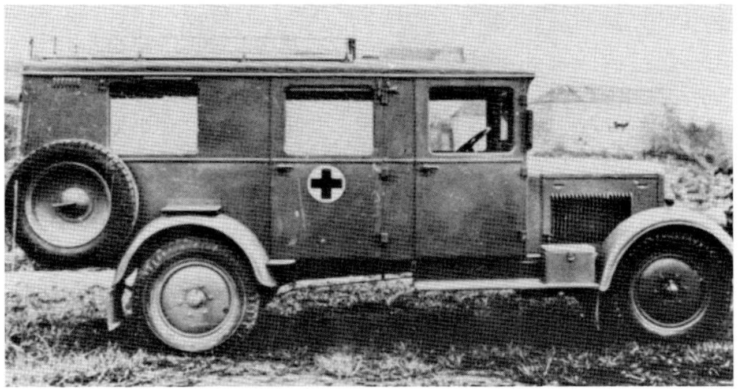

Linke Spalte von oben nach unten Bild 1 und 2:
Phänomen Granit 2500 H, die ältere Ausführung des Wehmacht-Krankenwagens Kfz. 31, gebaut von 1936 bis 1939.

Bild 3:
Phänomen Granit 1500 S oder auch Granit 1500 A, die neuere Ausführung des Wehrmacht-Krankenwagens Kfz. 31, gebaut von 1940 bis 1944.

Bild 4:
Letzte Ausführung des Phänomen Wehrmacht-Krankenwagens Kfz. 31, total »abgemagert«, wie er 1944/45 noch aussah. EinheitsFahrerhaus, einfache Hinterachsbereifung, nur 1 Ersatzrad und am Ende überhaupt kein Ersatzrad mehr.

Der 3 to Opel-Blitz »A« war durch den Allrad-Antrieb und eine zusätzlich einschaltbare Geländeübersetzung gekennzeichnet. Wer Bescheid wußte, erkannte dieses Modell sofort an der höheren Bauart und am bulligen Aussehen. Trotz zwillingsbereifter Hinterräder erwies sich der Opel als höchst geländetüchtig. Die stattliche Zahl von 25 000 Fahrzeugen des A-Typs ging an die Wehrmacht.

Wehrmacht-Ausführung des 3 to Opel-Blitz »S« als Standardtyp ohne Allrad-Antrieb. Kein anderer Wagen war in der Wehrmacht so häufig wie dieser. Insgesamt liefen etwa 70 000 Stück Opel-Blitz »S«, nicht gerechnet die zahlreichen »Ergänzungsfahrzeuge« des gleichen Typs.

Opel-Blitz Nachschubkolonne in Afrika.

Eingezogener Opel-Blitz mit Büro-Anhänger. Dieser Anhängertyp der Wehrmacht stammte noch aus der Vorkriegszeit und wurde später nicht mehr beschafft.

Nochmal Afrika: Mitfahrer bevorzugten die Plätze auf den Trittbrettern oder auf den Kotflügeln, weil sie dort am wenigsten vom Staub behelligt wurden.

Oben links: Funkstelle in der Ukraine. Untergebaute Steine entlasten die Federn. Als Tarnung und als Kälteschutz dient die Strohmatte über der Haube.

Oben rechts: Dieses Bild beweist überzeugend die Wirksamkeit der Tarnbemalung.

Winter in Rußland. Nachdem der Motor durch Feuer, Lötlampen oder heißes Wasser angewärmt ist, wird der Wagen hin- und herbewegt, damit sich die verharzten Kolben und Lager lösen. (Im Hintergrund zwei russische Beute-Lkw.). Die Prozedur beginnt meistens mit dem Opel-Blitz. Denn der läuft noch am ehesten. Und wenn er läuft, obliegt es ihm, die anderen »Kameraden« anzuschleppen. Auch dies ist mangels Ketten eine mühsame Sache. Strohmatten oder sonstige Behelfe hatten oft genug nur moralische Wirkung.

Opel-Blitz »S« 3 to als Tanklöschfahrzeug TD 1.5 (Aufbau Magirus), geliefert im Januar 1943 an die Luftwaffe.

Opel-Blitz »A« 3 to als Feldküchenwagen (Aufbau Gläser).

Opel-Blitz »S« 3 to als Kraftfahrspritze KS 15 (Aufbau Magirus), geliefert im April 1941 an die Luftwaffe.

Bild unten links:
Opel-Blitz 3 to »S« mit Einheits- Kofferaufbau als Setzereiwagen.

Opel-Blitz »S« 3 to als Flugbetriebsstoffkessel-Kraftwagen Kfz. 385 der Luftwaffe, fotografiert 1942 in Südrußland.

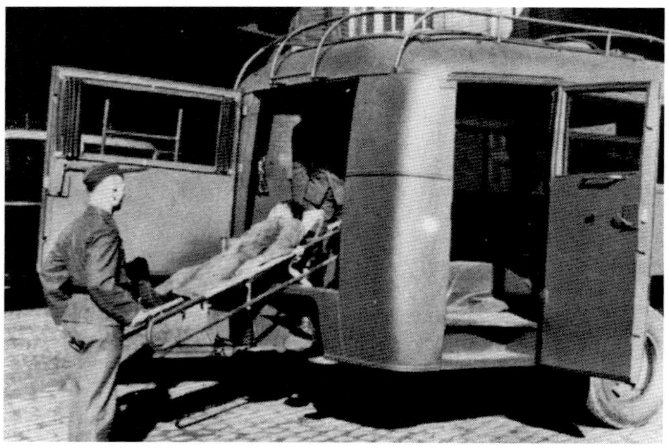

Opel-Blitz 3 to als Wehrmacht-Omnibus. Es handelt sich um den Aufbau Modell W 39 der Karosseriefabrik Gebr. Ludewig (Essen). Die Firma montierte übrigens das komplette Fahrzeug und lieferte in den Jahren 1939 bis 1944 an die Wehrmacht 2880 Stück dieses Omnibusses. Er diente als Mannschafts-Transporter, als Befehls- oder Schreibstubenwagen, im Sanitätsdienst usw.

Auch das waren »Ergänzungsfahrzeuge«: Ein Küchenwagen, eingerichtet in einem ehemals zivilen Sonderaufbau, und ein Befehlswagen, eingerichtet in einem ehemals zivilen Omnibus. Nicht immer hatten die Landser mit solchen Fahrzeugen sehr viel Freude, aber dennoch war man sich darüber einig: Lieber schlecht als gar nicht motorisiert sein!

	m. Lkw. 3 to (4 x 2) Opel-Blitz Typ 3,6-36 S 1937-1944	m. gl. Lkw. 3 to (4 x 4) Opel-Blitz Typ 3,6-6700 A 1940-1944	Wehrmacht-Omnibus (4 x 2) Opel-Blitz Typ 3,6-47 1939-1944
Motor		Vergasermotor Opel 3,6 Liter	
Zylinderzahl		6	
Bohrung x Hub		90 x 95 mm	
Hubraum		3626 ccm	
Leistung		68 PS bei 3000 U/min	
Drehmoment		20 mkg bei 1800 U/min	
Verdichtung		1:6	
Vergaser		1 Fallstrom Solex 35 JFP	
Ventile		Hängend, Seitliche Nockenwelle Antrieb durch Stirnräder	
Kurbelwellenlager		4	
Kühlung		Wasser/Pumpe	
Batterie		12 V 50 Ah	
Kraftübertragung	Antrieb auf Hinterräder Einscheibentrockenkupplung Schalthebel Wagenmitte	Allrad-Antrieb Einscheibentrockenkupplung 2 Schalthebel Wagenmitte	Antrieb auf Hinterräder Einscheibentrockenkupplung Schalthebel Wagenmitte
Getriebe	5 Gang	5 Gang + Vorgelege	5 Gang
Übersetzungen	I. 7,84 – II. 4,82 – III. 2,71 IV. 1,58 – V. 1,00	I. 7,84 – II. 4,82 – III. 2,71 IV. 1,58 – V. 1,00	I. 7,84 – II. 4,82 – III. 2,71 IV. 1,58 – V. 1,00
Übersetzungen Vorgelege	—	Straße 1,08 Gelände 1,93	—
Antriebs-Übersetzung	6,83	5,71	6,83
Fahrwerk	U-Profil-Rahmen	U-Profil-Rahmen	U-Profil-Niederrahmen
Vorderradaufhängung	starr, Halbfedern	starr, Halbfedern	starr, Halbfedern
Hinterradaufhängung	starr, Halbfedern	starr, Halbfedern ab 1942 mit Zusatzfedern	starr, Halbfedern mit Zusatzfedern
Lenkung	Schnecke	Schnecke	Schnecke
Fußbremse	Hydraulisch	Hydraulisch	Hydraulisch
Fußbremse wirkt auf	4 Räder	4 Räder	4 Räder
Handbremse wirkt auf	Getriebe	Getriebe	Getriebe
Allgemeine Daten			
Radstand	3600 mm	3450 mm	4650 mm
Spur	1542/1620 mm	1630/1642 mm	1542/1620 mm
Gesamtmaße	Lkw. ohne Plane: 6105 x 2265 x 2025 mm Lkw. mit Plane: 6105 x 2265 x 2565 mm mit Einheits-Kofferaufbau: 5600 x 2150 x 2850 mm	Wagenkasten-Pritsche: 5950 x 2340 x 3180 mm Radkasten-Pritsche: 5850 x 2340 x 2600 mm Radkasten-Kofferaufbau: 5800 x 2340 x 2700 mm	7200 x 2350 x 2700 mm
Ladefläche der Pritsche	3500 x 2125 mm	3500 x 2125 mm	—
Reifen	190-20 oder 7,25-20 Hinterräder zwillingsbereift	190-20 oder 7,25-20 Gelände Hinterräder zwillingsbereift	190-20 oder 7,25-20 Hinterräder zwillingsbereift
Bodenfreiheit	225 mm	225 mm	225 mm
Watfähigkeit	500 mm	500 mm	
Wendekreis-ø	15 Meter	15,7 Meter	16,5 Meter
Fahrzeuggewicht	Lkw. mit Pritsche: 2500 kg mit Einheits-Kofferaufbau: 4000 kg	Lkw. mit Pritsche: 3350 kg	3550 kg
Zuläss. Gesamtgewicht	5800 kg	6100 kg, Gelände 5700 kg	6000 kg
Nutzlast	Lkw. mit Pritsche: 3300 kg	Lkw. mit Pritsche; 3100 kg	2450 kg bzw. 30 Sitzplätze
Anhängelast	2000 kg		
Höchstgeschwindigkeit	85 km/h	80 km/h	85 km/h
Verbrauch/100 km	Straße 25, Gelände 35 Liter	Straße 30, Gelände 40 Liter	Straße 30 Liter
Kraftstofftank	82 Liter	92 Liter	86 Liter
Fahrbereich	Straße 320, Gelände 230 km	Straße 300, Gelände 230 km	Straße 280 km

Bilder rechte Spalte oben:
Ford V8 Lastwagen, Baujahr 1937/38, mit Pritschenaufbau und offenem Fahrerhaus älterer Art, hier einmal auf einer überfluteten, zum anderen Mal auf einer verschlammten Rollbahn in Rußland, fotografiert im Frühjahr 1942.

Bild rechte Spalte Mitte:
Ein Ford G 917 T, ebenfalls noch mit offenem Einheits-Fahrerhaus älterer Art, auf einer Pionier-Landungsfähre im Hafen von Constanza/Rumänien (Frühjahr 1941).

Bild rechte Spalte unten:
Der Ford Dreitonner Typ G 917 T mit 3,6 und später Typ G 997 T mit 3,9 Liter V8-Motor sowie starrer Querfeder-Vorderachse wurde 1939 bis 1942 in ziemlich großer Zahl geliefert. Bild: Pritschenaufbau mit Aufsteckbracken und in der Höhe verstellbarer Verdeckplane, Aufbau der Karosseriewerke Papler (Köln).

Linke Spalte Bild 1 und 2
Der Ford V 3000 S (oben mit Pritschenaufbau der Firma Westfalia, darunter mit Einheits-Fahrerhaus), gebaut von 1941 bis 1945, entsprach fahrgestellmäßig und mit 5 Gang-Getriebe eher als das Vorgängermodell den Anforderungen der Wehrmacht, doch nach wie vor erwies sich der V8-Motor für den Lkw.-Betrieb als wenig geeignet.

Linke Spalte Bild 3 und 4
In geringer Stückzahl wurde 1943/44 ein Ford Dreitonner mit Allrad-Antrieb als Frontlenker gebaut. Er lief hauptsächlich in Norwegen.

Daimler-Benz mußte 1943 die Produktion des eigenen Dreitonners einstellen und statt dessen den für die Wehrmacht besser geeigneten Opel-Blitz bauen. Die Wagen aus Mannheim, die nach dem Krieg noch eine Zeitlang weiterproduziert wurden, trugen keinerlei Marken- oder Namensschild. Man erkannte sie am Einheits-Fahrerhaus, denn dieses war beim Original-Opel nie verwendet worden. Der lizenzweise nachgebaute Opel führte bei Daimler-Benz die Werksbezeichnung L 701.

13
14
15
16
1
2
3
4
5
6
7
8
9
10
11
12

	m.Lkw. 3 to (4 x 2) Ford G 917 T St III a 1939-1941	m.Lkw. 3 to (4 x 2) Ford G 997 T St III b 1941-1942	m.Lkw. 3 to (4 x 2) Ford V 3000 S (G 918 TS) 1941-1945	m.gl.Lkw. 3 to (4 x 4) Ford V 3000 A (G 198 TWA) 1943-1944
Motor	Vergasermotor	Vergasermotor	Vergasermotor	
	Ford V8 – 3,6 Liter	Ford V8 – 3,9 Liter	Ford V8 – 3,9 Liter	
Zylinderzahl	8 (90°-V-Form)	8 (90°-V-Form)	8 (90°-V-Form)	
Bohrung x Hub	77,8 x 95,25 mm	81 x 95,25 mm	81 x 95,25 mm	
Hubraum	3613 ccm	3924 ccm	3924 ccm	
Leistung	90 PS bei 3800 U/min	95 PS bei 3500 U/min	95 PS bei 3500 U/min	
Drehmoment				
Verdichtung	1:6,25	1:5,9	1:5,9	
Vergaser	1 Doppel-Fallstromvergaser		1 Doppel-Fallstromvergaser	
	Solex 30 FFIK		Solex 30 FFIK	
Ventile	Stehend		Stehend	
	Zentrale Nockenwelle		Zentrale Nockenwelle	
	Antrieb durch Stirnräder		Antrieb durch Stirnräder	
Kurbelwellenlager	3		3	
Kühlung	Wasser/2 Pumpen		Wasser/2 Pumpen	
Batterie	12 V50 Ah		12 V50 Ah	
Kraftübertragung	Antrieb auf Hinterräder		Antrieb auf Hinterräder	Allrad-Antrieb, (Vorderrad-Antrieb abschaltbar)
Kupplung	Einscheibentrockenkupplung		Einscheibentrockenkupplung	
Schaltung	Schalthebel/Wagenmitte		Schalthebel/Wagenmitte	
Getriebe	4 Gang		5 Gang	
Übersetzungen	I. 6,40		Gelände 8,30	
	II. 3,09		I. 5,06	
	III. 1,69		II. 3,09	
	IV. 1,00		III. 1,69	
			IV. 1,00	
Antriebs-Übersetzung	6,66		6,66	
Fahrwerk	U-Profil-Rahmen		U-Profil-Rahmen	
Vorderradaufhängung	starr, 1 Querfeder		starr, Halbfedern	
Hinterradaufhängung	starr, Halbfedern mit Zusatzfedern		starr, Halbfedern mit Zusatzfedern	
Lenkung	Schnecke		Schnecke	
Fußbremse	Hydraulisch, 4 Räder		Hydraulisch, 4 Räder	
Handbremse	Seilzug, Hinterräder		Seilzug, Hinterräder	
Allgemeine Daten				
Radstand	3988 mm		4013 mm	4025 mm
Spur vorn	1475 mm		1650 mm	1786 mm
Spur hinten			innen 1424 mm	innen 1424 mm
			außen 1880 mm	außen 1880 mm
Gesamtmaße	6220 x 2240 x 2200 mm		6385 x 2250 x 2175 mm	6343 x 2245 x 2370 mm
				Höhe über Plane 2800 mm
Ladefläche der Pritsche	2600 x 2100 mm		3500 x 2110 mm	4300 x 2110 mm
Reifen	7,25-20 Gelände		7,25-20 oder 190-20	7,25-20 oder 190-20
	Zwillings-Hinterräder		Zwillings-Hinterräder	Zwillings-Hinterräder
Bodenfreiheit	250 mm		250 mm	255 mm
Watfähigkeit	630mm		440 mm	
Wendekreis-ø	19 Meter		14 Meter	14 Meter
Fahrzeuggewicht	2700 kg		2540 kg	3290 kg
Zuläss. Gesamtgewicht	5700 kg		5840 kg	6200 kg
Nutzlast	3000 kg		3300 kg	2910 kg
Höchstgeschwindigkeit	80 km/h		85 km/h	85 km/h
Verbrauch/100 km	Straße 32 Liter		Straße 32 Liter	Straße 33 Liter
	Gelände 45 Liter		Gelände 45 Liter	Gelände 50 Liter
Kraftstofftank	105 Liter		105 Liter	140 Liter
Fahrbereich	Straße 330 km		Straße 330 km	Straße 420 km
	Gelände 230 km		Gelände 230 km	Gelände 280 km

Zwei Borgward Dreitonner älteren Jahrgangs mit dem offenen Einheits-Fahrerhaus.

Zufriedenstellend lief der Borgward B 3000, den es sowohl mit Vergaser- als auch mit Diesel-Motor, sowohl mit Hinterrad- als auch mit Allrad-Antrieb gab. Er wurde von 1939 bis zur Ausbombung des Werks im Jahr 1944 gebaut. Im Bild die ältere Ausführung (1939) mit offenem Fahrerhaus.

Borgward Dreitonner auf einer behelfsmäßig instandgesetzten Brücke in Rußland.

Borgward B 3000 mit geschlossenem Fahrerhaus, wie er normalerweise ab 1940 oder 1941 geliefert wurde.

Borgward B 3000 als Kranwagen, bestimmt für die Auswechslung von Flugzeugmotoren.

Getarnter Borgward B 3000 Dreitonner in Frankreich im Jahr 1944. (Bundesarchiv Bild 101I-738-0273-11A, Arthur Grimm, © CC-BY-SA-3.0).

<table>
<tr><th></th><th>m.Lkw. 3 to (4 x 2)
Hansa-Lloyd bzw. Borgward 3 Tonner Benzin
1938-1941</th><th>m.Lkw. 3 to (4 x 2)
Borgward 3 Tonner Diesel
1939-1943</th></tr>
<tr><td>Motor</td><td>Vergasermotor</td><td>Vorkammer-Dieselmotor</td></tr>
<tr><td></td><td>Hansa-Lloyd bzw. Borgward L 3500 R</td><td>Borgward D 6 M 4,4</td></tr>
<tr><td>Zylinderzahl</td><td>6 (Reihe)</td><td>6 (Reihe)</td></tr>
<tr><td>Bohrung x Hub</td><td>82 x 110 mm</td><td>85 x 130 mm</td></tr>
<tr><td>Hubraum</td><td>3485 ccm</td><td>4426 ccm</td></tr>
<tr><td>Leistung</td><td>65 PS bei 3000 U/min</td><td>64 PS bei 2000 U/min</td></tr>
<tr><td>Drehmoment</td><td></td><td></td></tr>
<tr><td>Verdichtung</td><td>1:6</td><td>1:18</td></tr>
<tr><td>Vergaser</td><td>1 Flachstromvergaser Solex 40 BFH</td><td>–</td></tr>
<tr><td>Einspritzpumpe</td><td>–</td><td>Bosch</td></tr>
<tr><td>Ventile</td><td>Hängend</td><td>Hängend</td></tr>
<tr><td></td><td>Seitliche Nockenwelle</td><td>Seitliche Nockenwelle</td></tr>
<tr><td></td><td>Antrieb durch Stirnräder</td><td>Antrieb durch Stirnräder</td></tr>
<tr><td>Kurbelwellenlager</td><td>4</td><td>7</td></tr>
<tr><td>Kühlung</td><td>Wasser/Pumpe</td><td>Wasser/Pumpe</td></tr>
<tr><td>Schmierung</td><td>Druckumlauf, 10 Liter Öl</td><td>Druckumlauf, 11 Liter Öl</td></tr>
<tr><td>Batterie</td><td>12 V 90 Ah</td><td>2x 12 V75 Ah</td></tr>
<tr><td>Kraftübertragung</td><td>Antrieb auf Hinterräder</td><td>Antrieb auf Hinterräder</td></tr>
<tr><td>Kupplung</td><td>Einscheibentrockenkupplung</td><td>Einscheibentrockenkupplung</td></tr>
<tr><td>Schaltung</td><td>Schalthebel Wagenmitte</td><td>Schalthebel Wagenmitte</td></tr>
<tr><td>Getriebe</td><td>5 Gang</td><td>5 Gang</td></tr>
<tr><td>Übersetzungen</td><td>I. 6,58
II. 4,08
III. 2,48
IV. 1,52
V. 1,00</td><td></td></tr>
<tr><td>Antriebs-Übersetzung</td><td>6,50</td><td></td></tr>
<tr><td>Fahrwerk</td><td colspan="2">U-Profil-Rahmen</td></tr>
<tr><td>Vorderradaufhängung</td><td colspan="2">Starrachse, Halbfedern</td></tr>
<tr><td>Hinterradaufhängung</td><td colspan="2">Starrachse, Halbfedern</td></tr>
<tr><td>Lenkung</td><td colspan="2">Schnecke</td></tr>
<tr><td>Fußbremse</td><td colspan="2">Mechanisch, 4 Räder</td></tr>
<tr><td>Handbremse</td><td colspan="2">Mechanisch, Hinterräder</td></tr>
<tr><td>Allgemeine Daten</td><td colspan="2">Pritschenwagen</td></tr>
<tr><td>Radstand</td><td colspan="2">3650 mm</td></tr>
<tr><td>Spur vorn</td><td colspan="2">1600 mm</td></tr>
<tr><td>Spur hinten</td><td colspan="2">mittel 1560 mm</td></tr>
<tr><td>Gesamtmaße</td><td colspan="2">6050 x 2230 x 3150 (mit Plane) mm</td></tr>
<tr><td>Ladefläche</td><td colspan="2">3500 x 2100 mm</td></tr>
<tr><td>Reifen</td><td colspan="2">7,25 Tr-20 bzw. 190-20 Gelände
Zwillings-Hinterräder</td></tr>
<tr><td>Bodenfreiheit</td><td>235 mm</td><td>235 mm</td></tr>
<tr><td>Watfähigkeit</td><td>700 mm</td><td>700 mm</td></tr>
<tr><td>Wendekreis-ø</td><td>13,5 Meter</td><td>13,5 Meter</td></tr>
<tr><td>Fahrzeuggewicht</td><td></td><td></td></tr>
<tr><td>Zuläss. Gesamtgewicht</td><td>5850 kg</td><td>6100 kg</td></tr>
<tr><td>Nutzlast</td><td></td><td></td></tr>
<tr><td>Anhängelast</td><td></td><td></td></tr>
<tr><td>Höchstgeschwindigkeit</td><td>75 km/h</td><td>70 km/h</td></tr>
<tr><td>Verbrauch/100 km</td><td>Straße 29, Gelände 37 Liter</td><td>Straße 25, Gelände 32 Liter Diesel</td></tr>
<tr><td>Kraftstofftank</td><td>100 Liter</td><td>100 Liter</td></tr>
<tr><td>Fahrbereich</td><td>Straße 340, Gelände 270 km</td><td>Straße 400, Gelände 310 km</td></tr>
</table>

m.Lkw. 3 to (4 x 2) Borgward B 3000 S/O 1942-1944	m.gl.Lkw. 3 to (4 x 4) Borgward B 3000 A/O 1942-1943	m.Lkw. 3 to (4 x 2) Borgward B 3000 S/D 1942-1943	m.gl.Lkw. 3 to (4 x 4) Borgward B 3000 A/D 1942-1943
Vergasermotor		Wirbelkammer-Dieselmotor	
Borgward B 6 M 3,8		Borgward D 6 M 5	
6 (Reihe)		6 (Reihe)	
85 x 110 mm		90 x 130 mm	
3745 ccm		4962 ccm	
78 PS bei 3000 U/min		75 PS bei 2000 U/min	
22 mkg		28 mkg	
16		1:18	
Solex 35JFPII		--	
–		Bosch	
Hängend		Hängend	
Seitliche Nockenwelle		Seitliche Nockenwelle	
Antrieb durch Stirnräder		Antrieb durch Stirnräder	
4		7	
Wasser/Pumpe		Wasser/Pumpe	
Druckumlauf, 10 Liter Öl		Druckumlauf, 12 Liter Öl	
12 V90 Ah		2 x 12 V75 Ah	
Antrieb auf Hinterräder	Allrad-Antrieb Vorderrad-Antrieb abschaltbar	Antrieb auf Hinterräder	Allrad-Antrieb Vorderrad-Antrieb abschaltbar
Einscheibentrockenkupplung	Einscheibentrockenkupplung	Einscheibentrockenkupplung	Einscheibentrockenkupplung
Schalthebel Wagenmitte	Schalthebel Wagenmitte	Schalthebel Wagenmitte	2 Schalthebel Wagenmitte
5 Gang	5 Gang + Vorgelege	5 Gang	5 Gang + Vorgelege
I. 7,18	I. 7,18	I. 7,18	I. 7,18
II. 4,05	II. 4,05	II. 4,05	II. 4,05
III. 2,39	III. 2,39	III. 2,39	III. 2,39
IV. 1,49	IV. 1,49	IV. 1,49	IV. 1,49
V. 1,00	V. 1,00	V. 1,00	V. 1,00
	Vorgelege 1,68		Vorgelege 1,68
5,83	5,83	4,85	4,85
U-Profil-Rahmen			
Starrachse, Halbfedern			
Starrachse, Halbfedern			
Schnecke			
Hydraulisch, 4 Räder			
Mechanisch, Hinterräder			
Pritschenwagen			
3700 mm			
1640 mm			
mittel 1600 mm			
6450 x 2300 x 2220 bzw. (mit Plane) 2930 mm			
3000 x 2100 mm			
190-20 Gelände Zwillings-Hinterräder			
235 mm	235 mm	235 mm	235 mm
700 mm	730 mm	700 mm	730 mm
13,5 Meter	13,8 Meter	13,5 Meter	13,8 Meter
3065 kg	3345 kg	3235 kg	3515 kg
6190 kg	6440 kg	6360 kg	6610 kg
3125 kg	3095 kg	3125 kg	3095 kg
4500 kg	4500 kg	4500 kg	4500 kg
80 km/h	80 km/h	70 km/h	70 km/h
Straße 29, Gelände 37 Liter	Straße 29, Gelände 37 Liter	Straße 25, Gelände 32 l Diesel	Straße 25, Gelände 32 l Diesel
120 Liter	120 Liter	120 Liter	120 Liter
Straße 410, Gelände 320 km	Straße 410, Gelände 320 km	Straße 480, Gelände 370 km	Straße 480, Gelände 370 km

In den Jahren 1933 bis 1936 wurde der Mercedes-Benz Typ Lo 2750 an das Heer geliefert. Er wurde wahlweise mit Vergaser- oder Diesel-Motor ausgerüstet, beide als Vierzylinder mit 4950 ccm Hubraum und 65 PS Leistung. Der eine war mit 1:5,5, der andere mit 1:17 verdichtet. Die Nutzlast betrug 2,75 Tonnen.

Mercedes-Benz Typ L 3000 S (1940-1942) mit Radkasten-Pritsche.

Deutsche Soldaten auf dem Rückzug nach Ungarn in einem Mercedes L 3000. Sein Motor hatte sich in Russland nicht bewährt. (Bundesarchiv Bild 101I-244-2311-03, Bauer, © CC-BY-SA-3.0).

Mercedes-Benz Typ L 3000 S mit Einheits-Kofferaufbau als Funk- oder Werkstattwagen.

Der Mercedes-Benz Typ L 3000 A. Der von 1940 bis 1943 gebaute Dreitonner mit Allrad-Antrieb, war für die harten Bedingungen des Rußlandkrieges zu weich und empfindlich. Der Opel-Blitz, ursprünglich überhaupt nicht für militärische Zwecke konstruiert, eignete sich unvergleichlich besser. Dieses Beispiel mag zeigen, daß die Motorisierung einer Armee mit Spezialfahrzeugen zwar immer sehr viel teurer, aber im praktischen Betrieb keineswegs unbedingt vorteilhafter ist.

Gut gehalten haben sich auch im Osten die Klöckner-Deutz-Magirus Dreitonner, und zwar insbesondere der A-Typ mit Allrad-Antrieb, den die Bilder auf dieser Seite zeigen. Die Wagen besaßen einen Deutz-Dieselmotor, der aber damals noch wassergekühlt war.

Der MAN E 3000 mit Hinterrad-Antrieb und mit relativ langem Radstand kam als Gefechtsfahrzeug nicht in Betracht, hat aber als Troß- und Nachschub-Lkw. ausdauernd und zuverlässig seinen Dienst getan. Ebenso hat sich der MAN E 3000 als Wehrmacht-Omnibus gut bewährt.

	m. Lkw. 3 to (4 x 2) Mercedes-Benz L 3000 1938-1939	m. Lkw. 3 to (4 x 2) Mercedes-Benz L 3000 S 1940-1942	m. gl. Lkw. 3 to (4 x 4) Mercedes-Benz L 3000 A 1940-1943
Motor	Vorkammer-Dieselmotor	Vorkammer-Dieselmotor	Vorkammer-Dieselmotor
	Daimler-Benz OM 65/3	Daimler-Benz OM 65/4	Daimler-Benz OM 65/4
Zylinderzahl	4	4	4
Bohrung x Hub	105 x 140 mm	105 x 140 mm	105 x 140 mm
Hubraum	4849 ccm	4849 ccm	4849 ccm
Leistung	65 PS bei 2000 U/min	75 PS bei 2250 U/min	75 PS bei 2250 U/min
Verdichtung	1:20	1:20	1:20
Einspritzpumpe	Bosch oder Deckel	Bosch oder Deckel	Bosch oder Deckel
Ventile	Hängend	Hängend	Hängend
	Seitliche Nockenwelle	Seitliche Nockenwelle	Seitliche Nockenwelle
	Antrieb durch Stirnräder	Antrieb durch Stirnräder	Antrieb durch Stirnräder
Kurbelwellenlager	5	5	5
Kühlung	Wasser/Pumpe	Wasser/Pumpe	Wasser/Pumpe
Batterie	2 x 12 V 105 Ah	2 x 12 V 75 Ah	2 x 12 V 90 Ah
Kraftübertragung	Antrieb auf Hinterräder	Antrieb auf Hinterräder	Allrad-Antrieb
			3 Sperrdifferentiale, Vorderrad-Antrieb abschaltbar, Geländegang auch ohne Vorderrad-Antrieb einschaltbar
	Einscheibentrockenkupplung	Einscheibentrockenkupplung	Einscheibentrockenkupplung
	Schalthebel Wagenmitte	Schalthebel Wagenmitte	Schalthebel Wagenmitte
Getriebe	4 Gang + Vorgelege	5 Gang	5 Gang + Vorgelege
Übersetzungen	I. 6,51	I. 9,00	I. 9,00
	II. 3,21	II. 4,50	II. 4,50
	III. 1,74	III. 2,50	III. 2,50
	IV. 1,00	IV. 1,35	IV. 1,35
		V. 1,00	V. 1,00
Übersetzungen Vorgelege	Straße 1,00	—	Straße 1,00
	Gelände 1,34		Gelände 1,363
Antriebs-Übersetzung	5,00	5,00	5,00
Fahrwerk	U-Profil-Rahmen	U-Profil-Rahmen	U-Profil-Rahmen
Vorderradaufhängung	starr, Halbfedern	starr, Halbfedern	starr, Halbfedern
Hinterradaufhängung	starr, Halbfedern	starr, Halbfedern	starr, Halbfedern
Lenkung	ZF-Roß 660	ZF-Roß 700	ZF-Roß 700
Fußbremse	Hydraulisch	Hydraulisch	Hydraulisch
Fußbremse wirkt auf	4 Räder	4 Räder	4 Räder
Handbremse wirkt auf	Hinterräder	Hinterräder	Hinterräder
Allgemeine Daten			
Radstand	3800 mm	3800 oder 4250 mm	3800 mm
Spur vorn	1700 mm	1685 mm	1633 mm
Spur hinten	mittel 1650 mm	mittel 1650 mm	mittel 1650 mm
Gesamtmaße	6160 x 2350 x 2800 mm	6255 bzw. 6715 x 2240 x 2585 mm	6255 x 2350 x 2600 mm
Ladefläche der Pritsche	3500 x 2100 mm	3500 bzw. 4000 x 2100 mm	3500 x 2100 mm
Reifen	7,25-20 Gelände	190-20 oder 7,50-20 Gelände	190-20 Gelände
	Hinterräder zwillingsbereift	Hinterräder zwillingsbereift	Hinterräder zwillingsbereift
Bodenfreiheit	220 mm	225 mm	225 mm
Watfähigkeit	600 mm	700 mm	700 mm
Wendekreis-ø	15,2 Meter	15,2 bzw. 15,8 Meter	15,2 Meter
Fahrzeuggewicht	3850 kg	3690 kg	4020 kg
Zuläss. Gesamtgewicht	6500 kg	6790 kg	Straße 7040, Gelände 6620 kg
Nutzlast	2650 kg	3100 kg	Straße 3020, Gelände 2600 kg
Höchstgeschwindigkeit	64 km/h	70 km/h	70 km/h
Verbrauch/100 km	Straße 18, Gelände 27 l Diesel	Straße 18, Gelände 27 l Diesel	Straße 20, Gelände 30 l Diesel
Kraftstofftank	70 Liter	90 Liter	90 Liter
Fahrbereich	Straße 370, Gelände 250 km	Straße 500, Gelände 330 km	Straße 450, Gelände 300 km

m. Lkw. 3 to (4 x 2) Klöckner-Deutz-Magirus S 330 bzw. S 3000 1941-1944	m. gl. Lkw. 3 to (4 x 4) Klöckner-Deutz-Magirus A 330 bzw. A 3000 1941-1944	m. Lkw. 3 to (4 x 2) MAN E 3000 1940-1944	Wehrmacht-Omnibus (4 x 2) MAN E 3000 1940-1944
Vorkammer-Dieselmotor		Dieselmotor mit direkter Strahleinspritzung	
Deutz F4 M 513		MAN D 0534 G	
4		4	
110 x 130 mm		105 x 130 mm	
4941 ccm		4503 ccm	
80 PS bei 2250 U/min		70 PS bei 2200 U/min	
1:22		1:17	
Deutz oder Bosch		Bosch oder Deckel	
Hängend		Hängend	
Seitliche Nockenwelle		Seitliche Nockenwelle	
Antrieb durch Stirnräder		Antrieb durch Stirnräder	
5 (Auswechselbare Zylinderbüchsen)		5	
Wasser/Pumpe		Wasser/Pumpe	
2 x 12 V		2 x 12 V 75 Ah |	2 x 12 V 90 Ah
Antrieb auf Hinterräder	Allrad-Antrieb	Antrieb auf Hinterräder	
	Vorderrad-Antrieb		
	abschaltbar		
Einscheibentrockenkupplung	Einscheibentrockenkupplung	Einscheibentrockenkupplung	
Schalthebel Wagenmitte	Schalthebel Wagenmitte	Schalthebel Wagenmitte	
5 Gang	5 Gang + Vorgelege	4 Gang	
I. 6,00	I. 6,00	I. 6,50	
II. 3,01	II. 3,01	II. 3,20	
III. 1,668	III. 1,668	III. 1,74	
IV. 1,00	IV. 1,00	IV. 1,00	
V. 0,726	V. 0,726		
—	Straße 1,00	–	
	Gelände 1,74		
5,84	5,84	5,97	
U-Profil-Rahmen		U-Profil-Rahmen	
starr, Halbfedern		starr, Halbfedern	
starr, Halbfedern		starr, Halbfedern Trag- und Triebwerk-Achse getrennt	
ZF-Roß 700		ZF-Roß 660	
Hydraulisch		Hydraulisch (Omnibus: + Motorbremse)	
4 Räder		4 Räder	
Hinterräder		Getriebe	
3700 oder 4200 mm	3700 mm	4000 oder 4650 mm	4650 mm
1570 mm	1640 mm	1657 mm	1657 mm
mittel 1560 mm	mittel 1560 mm	mittel 1563 mm	mittel 1563 mm
6100 bzw.	6100 x 2220 x 2330 mm	6090 bzw.	7335 x 2350 x 2915 mm
6600 x 2220 x 2230 mm	Höhe mit Plane: 2900 mm	7190 x 2150 x 2450 mm	(Höhe mit Dachgalerie)
Höhe mit Plane: 2800 mm		(Höhe mit Anhängerdreieck)	
3500 bzw. 4000 x 2100 mm	3500 x 2100 mm	3500 bzw. 4600 x 2100 mm	—
190-20 Gelände	190-20 Gelände	7,25-20	7,25-20
Hinterräder zwillingsbereift	Hinterräder zwillingsbereift	Hinterräder zwillingsbereift	Hinterräder zwillingsbereift
240 mm	240 mm	266 mm	266 mm
700 mm	700 mm	500 mm	500 mm
15 bzw. 15,5 Meter	15 Meter	15 bzw. 17,5 Meter	17,5 Meter
3300 kg	3660 kg	2880 bzw. 3010 kg	4250 kg
6450 kg	Straße 6760, Gelände 6360 kg	6300 kg	6350 kg
3150 kg	Straße 3100, Gelände 2700 kg	3420 bzw. 3290 kg	2100 kg
85 km/h	Straße 75, Gelände 40 km/h	60 km/h	60 km/h
Straße 20, Gelände 30 l Diesel	Straße 20, Gelände 30 l Diesel	Straße 20, Gelände 30 l Diesel	Straße 20
70 Liter	70 Liter	90 Liter	90 Liter
Straße 350, Gelände 230 km	Straße 350, Gelände 230 km	Straße 450, Gelände 300 km	Straße 450 km

Der MAN L 4500 A, von 1940 bis 1944 gebaut. Der 4,5 Tonner mit Allrad-Antrieb, war ein grundsolides, äußerst verläßliches Fahrzeug.

MAN L 4500 S (1943) als Werkstatt- bzw. Ersatzteilewagen mit Mannschaftsunterkunft.

Der Klöckner-Deutz-Magirus GS 145 wurde zunächst hauptsächlich an den Reichsarbeitsdienst geliefert, dann aber bei der Wehrmacht eingesetzt. Dieses Modell war eine Gemeinschaftsproduktion der im Einheitsbüro Frankfurt zusammenarbeitenden Firmen Magirus, Henschel und Saurer.

	m. Lkw. 4,5 to (4 x 2) Klöckner-Deutz-Magirus S 145 bzw. S 4500 1941-1942	m. gl. Lkw. 4,5 to (4 x 4) MAN ML 4500 A 1940-1944	m. Lkw. 4,5 to (4 x 2) Klöckner-Deutz-Magirus S 145 bzw. S 4500 1941-1942	m. gl. Lkw. 4,5 to (4 x 4) Klöckner-Deutz-Magirus GS 145 bzw. A 4500 1941-1942
Motor	Dieselmotor mit direkter Strahleinspritzung MAN D 1040 G		Vorkammer-Dieselmotor GM 145	
Zylinderzahl	6		6	
Bohrung x Hub	110 x 140 mm		105 x 140 mm	
Hubraum	7980 ccm		7226 ccm	
Leistung	110 PS bei 1900 U/min		125 PS bei 2400 U/min	
Drehmoment	42 mkg bei 1400 U/min		40 mkg bei 1400 U/min	
Verdichtung	1:17			
Einspritzpumpe	Bosch oder Deckel		Deutz	
Ventile	Hängend Seitliche Nockenwelle Antrieb durch Stirnräder		Hängend Seitliche Nockenwelle	
Kurbelwellenlager	7		7 Auswechselbare Zylinderbüchsen	
Kühlung	Wasser / Pumpe		Wasser / Pumpe	
Batterie	2x 12 V 105 Ah		2x 12 V 105 Ah	
Kraftübertragung	Antrieb auf Hinterräder	Allrad-Antrieb Vorderrad-Antrieb nur zusammen mit Geländegang einschaltbar	Antrieb auf Hinterräder	Allrad-Antrieb Vorderrad-Antrieb nur zusammen mit Geländegang einschaltbar
Kupplung	Einscheibentrockenkupplung	Einscheibentrockenkupplung	Einscheibentrockenkupplung	Einscheibentrockenkupplung
Schaltung	Schalthebel / Wagenmitte	2 Schalthebel / Wagenmitte	Schalthebel / Wagenmitte	2 Schalthebel / Wagenmitte
Getriebe	5 Gang	5 Gang + Vorgelege	5 Gang	5 Gang + Vorgelege
Übersetzungen Getriebe	I. 5,40 – II. 3,00 – III. 1,67 IV. 1,00 – V. 0,725	I. 5,40 – II. 3,00 – III. 1,67 IV. 1,00 – V. 0,725	I. 5,40 – II. 3,00 – III. 1,67 IV. 1,00 – V. 0,725	I. 5,40 – II. 3,00 – III. 1,67 IV. 1,00 – V. 0,725
Übersetzungen Vorgelege	—	Straße 1,00 Gelände 1,49	—	Straße 1,00 Gelände 1,50
Antriebs-Übersetzung	7,91	7,91	9,40	9,40
Fahrwerk	U-Profil-Rahmen		U-Profil-Rahmen	
Vorderradaufhängung	starr, Halbfedern		starr, Halbfedern	
Hinterradaufhängung	starr, Halbfedern		starr, Halbfedern	
Lenkung	ZF-Roß 722		ZF-Roß	
Fußbremse	Druckluft		Druckluft	
Fußbremse wirkt auf	4 Räder		4 Räder	
Handbremse wirkt auf	Hinterräder		Hinterräder	
Allgemeine Daten				
Radstand	1900 mm		1870 mm	
Spur vorn				
Spur hinten	mittel 1714 mm		mittel 1714 mm	
Gesamtmaße	7500 x 2350 x 2610 mm Höhe mit Plane: 3350 mm		7675 x 2350 x 2505 mm	
Ladefläche	5000 x 2200 mm		5000 x 2200 mm	
Reifen	9,75-20 oder 270-20 Gelände Zwillings-Hinterräder		270-20 Gelände Zwillings-Hinterräder	
Bodenfreiheit	350 mm		325 mm	
Wendekreis-ø	18 Meter		20 Meter	
Fahrzeuggewicht	5 050 kg	5 550 kg	4900 kg	5 300 kg
Zuläss. Gesamtgewicht	10000 kg	Straße 10500 kg, Gelände 9 900 kg	9 700 kg	Straße 10 000 kg, Gelände 9 400 kg
Nutzlast	4950 kg	Straße 4950, Gelände 4350 kg	4800 kg	Straße 4700, Gelände 4100 kg
Höchstgeschwindigkeit	63 km/h	63 km/h	67 km/h	67 km/h
Verbrauch/100 km	Straße 25 Liter Diesel	Straße 26 Liter Diesel Gelände 42 Liter Diesel	Straße 25 Liter Diesel	Straße 26 Liter Diesel Gelände 42 Liter Diesel
Kraftstofftank	130 Liter	130 Liter	115 Liter	115 Liter
Fahrbereich	Straße 520 km	Straße 500, Gelände 300 km	Straße 460 km	Straße 440, Gelände 270 km

Büssing-NAG eines älteren Vorkriegsjahrgangs, umgebaut als Pritschenwagen mit Einheits-Fahrerhaus. Die beiden rechten Bilder zeigen den Büssing-NAG Typ 4500 A-1 (Modell 1942/43).

Büssing-NAG 4500 A auf verschlammten Straßen in Italien während des Zweiten Weltkrieges. (Bundesarchiv Bild 101I-315-1117-18, © CC-BY-SA-3.0).

	s. Lkw. 4,5 to (4 x 2) Büssing-NAG 500 S 1940-1941	s. gl. Lkw. 4,5 to (4 x 4) Büssing-NAG 500 A 1940-1941	s. Lkw. 4,5 to (4 x 2) Büssing-NAG 4500 S-1 1941-1945	s. gl. Lkw. 4,5 to (4 x 4) Büssing-NAG 4500 A-1 1941-1945
Motor	Vorkammer-Dieselmotor, Büssing-NAG Typ LD			
Zylinderzahl	6			
Bohrung x Hub	110 x 130 mm			
Hubraum	7413 ccm			
Leistung	105 PS bei 1800 U/min			
Drehmoment	44,5 mkg			
Verdichtung	1:18,5			
Einspritzpumpe	Bosch oder Deckel			
Ventile	Hängend Seitliche Nockenwelle Antrieb durch Stirnräder			
Kurbelwellenlager	Auswechselbare Zylinderbüchsen			
Kühlung	Wasser/Pumpe			
Batterie	2x 12 V 105 Ah			
Kraftübertragung	Antrieb auf Hinterräder	Allrad-Antrieb Vorderrad-Antrieb abschaltbar	Antrieb auf Hinterräder	Allrad-Antrieb Vorderrad-Antrieb abschaltbar
Kupplung	Zweischeibentrocken- kupplung	Zweischeiben- trockenkupplung	Zweischeiben- trockenkupplung	Zweischeiben- trockenkupplung
Schaltung	Schalthebel Wagenmitte	2 Schalthebel Wagenmitte	Schalthebel Wagenmitte	2 Schalthebel Wagenmitte
Getriebe	5 Gang			
Übersetzungen Getriebe	I. 6,20 II. 3,20			
Übersetzungen Vorgelege	III.1,75 IV.1,00			
Antriebs-Übersetzung	V. 0,65			
Fahrwerk	U-Profil-Rahmen			
Vorderradaufhängung	starr, Halbfedern			
Hinterradaufhängung	starr, Halbfedern			
Lenkung	ZF-Roß			
Fußbremse	Druckluft			
Fußbremse wirkt auf	4 Räder			
Handbremse wirkt auf	Getriebe			
Allgemeine Daten				
Radstand	5000 mm	4875 mm	4800 mm	4800 mm
Spur vorn	1830 mm	1980 mm	1920 mm	1934 mm
Spur hinten	mittel 1765 mm	mittel 1765 mm	mittel 1714 mm	mittel 1714 mm
Gesamtmaße	8135 x 2350 x 2450 mm (Höhe ohne Anhänger-Warndreieck)	8050 x 2370 x 2725 mm (Höhe ohne Anhänger-Warndreieck)	8050 x 2350 x 2800 mm (Höhe mit Anhänger-Warndreieck)	8050 x 2350 x 2900 mm (Höhe mit Anhänger-Warndreieck)
Ladefläche der Pritsche	5000 x 2200 mm	5000 x 2200 mm	5000 x 2200 mm	5000 x 2200 mm
Reifen	9,75-20 Gelände Hinterräder zwillingsbereift	9,75-20 Gelände Hinterräder zwillingsbereift	270-20 Gelände Hinterräder zwillingsbereift	270-20 Gelände Hinterräder zwillingsbereift
Bodenfreiheit	290 mm	290 mm	290 mm	290 mm
Watfähigkeit	750 mm	750 mm	750 mm	750 mm
Wendekreis-ø	17,9 Meter	19 Meter	17,6 Meter	18,7 Meter
Fahrzeuggewicht	5350 kg	5650 kg	5200 kg	5450 kg
Zuläss. Gesamtgewicht	10300 kg	10720 kg	10100 kg	10400 kg
Nutzlast	4750 kg	4770 kg	4600 kg	4500 kg
Höchstgeschwindigkeit	62 km/h	62 km/h	65 km/h	65 km/h
Verbrauch/100 km	Straße 25 Liter Diesel	Str. 28, Gelände 42 l Diesel	Straße 25 Liter Diesel	Str. 28, Gelände 42 l Diesel
Kraftstofftank	110 Liter	110 Liter	110 Liter	110 Liter
Fahrbereich	Straße 440 km	Straße 390, Gelände 260 km	Straße 440 km	Straße 390, Gelände 260 km

Büssing-NAG 4500 A mit Bilstein 3 to Drehkran, ab 1940 in großer Zahl für die Werkstattkompanien der Wehrmacht geliefert.

So sah das gleiche Fahrzeug ab etwa 1943 aus: Der Büssing-NAG 4500 A ist ringsum »abgespeckt«. Jedes entbehrliche Stückchen Blech ist weggelassen!

Mercedes-Benz Typ L 3750 mit 100 PS Sechszylinder-Dieselmotor als Schlauchtenderwagen (Aufbau Magirus) für die Luftwaffe. Bauserie 1938/39. Der abgebildete Wagen ging an den Fliegerhorst Leipheim.

Von diesem Schlauchtender in gleicher Ausführung baute auch die Firma Rosenbauer (Linz/Österreich) im Jahre 1939 für die Luftwaffe 30 Wagen.

Mercedes-Benz Typ L 4500 S als Kraftfahrspritze KS 25 (Aufbau Magirus), Bauserie 1941 für die Luftwaffe.

Mercedes-Benz Typ L 4500 A (Allrad-Antrieb) als Tanklöschfahrzeug TLF 25 (Aufbau Magirus), geliefert im September 1944 an die Luftwaffe.

Durchweg zufriedenstellend liefen im letzten Krieg die schweren Lastwagen. Viel verwendete die Wehrmacht den ausgezeichneten Mercedes-Benz Typ L 4500 A, ein 4,5 Tonner mit 112 PS Dieselmotor und Allrad-Antrieb, der sich von 1941 bis 1944 (und dann noch eine Zeitlang nach der Kapitulation) in der Produktion befand.

5 cm Flak 41 als Selbstfahrlafette aufgebaut auf einem Lkw. Mercedes-Benz Typ L 4500 A. Kühler und Fahrerhaus wurden leicht gepanzert, doch die Geschützbedienung saß nahezu ohne Schutz gewissermaßen auf dem Präsentierteller. Von diesem Fahrzeug gab es jedoch nur wenige Exemplare, übrigens ähnlich auch eine 3,7 cm Flak auf 3 to Lkw.-Fahrgestell.

	s. Lkw. 4,5 to (4 x 2) Mercedes-Benz L 4500 S 1939-1944	s. gl. Lkw. 4,5 to (4 x 4) Mercedes-Benz L 4500 A 1941-1944	s. Lkw. 6,5 tc (4 x 2) Mercedes-Benz L 6500 1938-1940
Motor	Vorkammer-Dieselmotor		Vorkammer-Dieselmotor
	Daimler-Benz OM 67/4		Daimler-Benz OM 57
Zylinderzahl	6		6
Bohrung x Hub	105 x 140 mm		125 x 170 mm
Hubraum	7274 ccm		12528 ccm
Leistung	112 PS bei 2250 U/min		135 PS bei 1700 U/min
Verdichtung	1:20		1:17
Einspritzpumpe	Bosch oder Deckel		Bosch
Ventile	Hängend		Hängend
	Seitliche Nockenwelle		Seitliche Nockenwelle
	Antrieb durch Stirnräder		Antrieb durch Stirnräder
Kurbelwellenlager	7		7
Kühlung	Wasser/Pumpe		Wasser/Pumpe
Batterie	2 x 12 V105 Ah		2 x 12 V 150 Ah
Kraftübertragung	Antrieb auf Hinterräder	Allrad-Antrieb	Antrieb auf Hinterräder
		Vorderrad-Antrieb nur zusammen	
		mit Geländegang einschaltbar	
Kupplung	Einscheibentrockenkupplung	Einscheibentrockenkupplung	Mehrscheibentrockenkupplung
Schaltung	Schalthebel Wagenmitte	2 Schalthebel Wagenmitte	Schalthebel Wagenmitte
Getriebe	5 Gang	5 Gang + Vorgelege	4 Gang + Zusatzgang
Übersetzungen	I. 5,40	I. 5,40	I. 6,15
	II. 3,00	II. 3,00	II. 3,65
	III. 1,67	III. 1,67	III. 1,86
	IV. 1,00	IV. 1,00	IV.1,00
	V. 0,725	V. 0,725	Zusatzgang 0,70
Übersetzungen Vorgelege		Straße 1,00	—
		Gelände 1,54	
Antriebs-Übersetzung	9,20	9,20	7,90
Fahrwerk	U-Profil-Rahmen		U-Profil-Rahmen
Vorderradaufhängung	starr, Halbfedern		starr, Halbfedern
Hinterradaufhängung	starr, Halbfedern		starr, Halbfedern
Lenkung	ZF-Roß 721		ZF-Roß
Fußbremse	Hydraulisch + Druckluft		Hydraulisch + Druckluft
Fußbremse wirkt auf	4 Räder		4 Räder
Handbremse wirkt auf	Hinterräder		Getriebe
Allgemeine Daten			
Radstand	4600	4600 mm	5100 mm
Spur vorn	1860	1905 mm	2066 mm
Spur hinten	mittel 1714 mm	mittel 1714 mm	mittel 1824 mm
Gesamtmaße	7860 x 2350 x 3215 mm	7860 x 2350 x 3345 mm	9450 x 2500 x 2420 mm
	(Höhe mit Plane)	(Höhe mit Plane)	(Höhe ohne Plane)
Ladefläche der Pritsche	5000 x 2200 mm	5000 x 2200 mm	6000 x 2350 mm
Reifen	9,75-20 oder 270-20	270-20 Gelände	12,00-22
	Hinterräder zwillingsbereift	Hinterräder zwillingsbereift	Hinterräder zwillingsbereift
Bodenfreiheit	340 mm	340 mm	250 mm
Watfähigkeit	700 mm	800 mm	
Wendekreis-ø	19,3 Meter	19,3 Meter	20 Meter
Fahrzeuggewicht	4930 kg	5715 kg	6650 kg
Zuläss. Gesamtgewicht	10120 kg	Straße 10400, Gelände 9800 kg	13650 kg
Nutzlast	4950 kg	Straße 4685, Gelände 4085 kg	7000 kg
Höchstgeschwindigkeit	66 km/h	Straße 66, Gelände 43 km/h	60 km/h
Verbrauch/100 km	Straße 25 Liter Diesel	Straße 28,	Straße 36 Liter Diesel
		Gelände 42 Liter Diesel	
Kraftstofftank	140 Liter	140 Liter	155 Liter
Fahrbereich	Straße 560 km	Straße 500, Gelände 330 km	Straße 430 km

Magirus Typ L 145 als Schlauchkraftwagen S 4,5, Bauserie 1940 für das RLM Berlin.

Dieser Magirus FL 150 mit Deutz-Motor F 6 M 516 war kein Feuerwehrfahrzeug. Die 45 Meter-Stahlleiter wurde vielmehr als Trägerfahrzeug für das sogenannte v_0 (Vau-Null-)Gerät benützt, das zur Messung der Anfangsgeschwindigkeit von Geschossen gebraucht wurde. Die Magirus-Leiter wurde im Sommer 1941 an die Artillerieprüfstelle Hillersleben geliefert.

Magirus L 145 Lastwagen mit Einheits-Fahrerhaus älterer Art sowie Einheits-Anhänger E 8, voll besetzt mit Mannschaften, beim Einmarsch in Dänemark (April 1940).

Henschel Kraftfahrspritze KS 15 (Aufbau Magirus), geliefert im November 1938 an das RLM Berlin.

Als Befehlswagen oder motorisierte Nachrichtenzentrale war der Graf & Stift Omnibus (100 PS Benzin- oder Dieselmotor) eingerichtet. In den Jahren 1939/40 ließ die Wehrmacht etwa 170 Stück bei der Wiener Automobilfabrik bauen.

Schwere Lastwagen, wie hier beispielsweise ein Achttonner Magirus M 165 (150 PS Sechszylinder Deutz Diesel), wurden bei Bedarf zu Schienenfahrzeugen umgewandelt. »Schienenzepp« hießen sie bei den Landsern.

In großer Zahl für die Wehrmacht gebaut: Die Peugeot Eintonner haben sich ebenso wie die ähnlich aussehenden, etwas größeren Renault Lkw. in Rußland bestens bewährt. Bei der 333. Inf.Div. waren sie zahlreich vorhanden.

Ausgesprochen beliebt war bei den deutschen Landsern der Citroën Typ 45, ein 4,5 Tonner mit Sechszylinder-Vergasermotor (4,5 Liter, 75 PS). Überladen und sonstige Strapazen nahm er nicht übel. Citroën lieferte während der Besatzungszeit beträchtliche Stückzahlen dieses Typs an die Wehrmacht.

Der Matford bzw. Ford Typ F 917 WS war ein Viertonner mit 3,6 Liter V8-Motor. Die französischen Lastwagen (außer Citroën) sahen in unseren Augen etwas ungewohnt aus, weil sie schon damals fast alle Frontlenker waren.

Der Kraftfahrzeugpark der Sowjetarmee bestand in der Hauptsache aus nur zwei Lkw.-Typen, dem GAS-AA (»Russki-Ford«) und dem SIS-5 (»Hupmobil«). Wagen beider Typen wurden beim Vormarsch 1941 in großer Zahl erbeutet. Hier wurde das Sturmboot-Kommando 906 auf einer Beutesammelstelle in Litauen mit russischen Lkw. ausgerüstet. Der Russki-Ford, von 1932 bis 1937 gebaut, hatte 1,5 to Nutzlast.

Wichtigster Lkw. der Roten Armee war der SIS-5 (Nutzlast 3 to, Höchstgeschwindigkeit 60 km/h, Produktion von 1933 bis 1945). Technik und Aussehen dieses Wagens waren altertümlich, aber seine Solidität und sein Durchhaltevermögen waren jedem moderneren Typ weit überlegen.

Als der Küchenwagen (Mercedes L 3000) der Pz.Beob.Battr. 78 seinen bis dahin oft unwillig geleisteten Dienst endgültig verweigert hatte, bediente man sich fortan für diesen Zweck eines russischen Beute-Lkw., eines SIS-5 (»Hupmobil«). Der hielt gewaltige Strapazen aus, bis er im Herbst 1944 samt seiner Besatzung den Russen in die Hände fiel.

Gleisketten-Lkw. Ford »Maultier« als Pritschen- und als Krankenwagen.

Linke Spalte:
Bei diesem Opel-Blitz »Maultier« handelt es sich um einen Prototyp. Opel hatte zunächst für den Gleisketten-Lkw. ein eigenes Ketten-Laufwerk entwickelt, das bessere Selbstreinigung sowie einfachere Wartung bieten sollte als die von der Waffen-SS vorgeschlagene Konstruktion. Doch schließlich wurde entschieden, daß Opel für die Serie das gleiche Ketten-Laufwerk zu verwenden habe wie Ford und Magirus.

So sah das Opel-Blitz »Maultier« mit dem serienmäßigen Ketten-Laufwerk aus.

Der große Gleisketten-Lkw. Mercedes-Benz Typ L 4500 R »Maultier« lief zufriedenstellend, war aber nicht so vielseitig verwendbar wie die kleineren Gleisketten-Lkw.

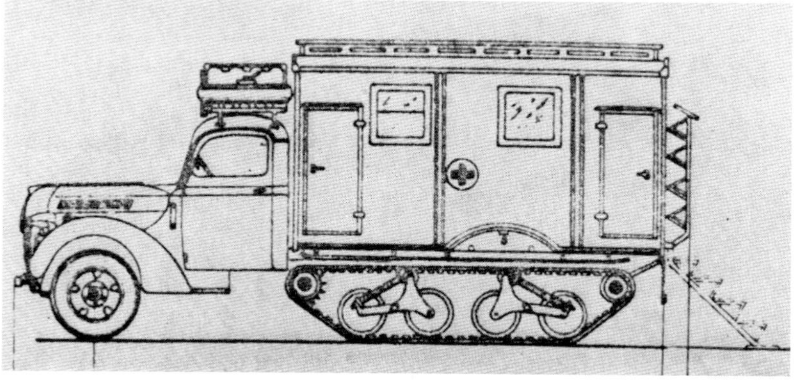

Vom Gleisketten-Lkw. »Maultier« gab es je ein Modell der Marken Ford, Opel, Magirus und Mercedes-Benz. Das »Maultier« von Klöckner-Deutz-Magirus war wohl das beste von allen, stand aber leider in viel geringerer Zahl zur Verfügung als die entsprechenden Fahrzeuge von Ford und Opel.

Ein Ford »Maultier«, vermutlich aus der Produktion des Werkes Amsterdam, rollt im August 1943 per Bahn an die Ostfront.

2 cm Flak Selbstfahrlafette auf Ford »Maultier«, hier übrigens mit Einheits-Fahrerhaus.

Soldaten im Jahr 1943 in Italien mit Pak und erbeuteten französischen Renault AHN-Lastwagen. (Foto: Bundesarchiv, Bild 101I-304-0614-37A, Funke, © CC-BY-SA-30)

Von Deutschen erbeuteter britischer Bedford OX Laster in Ungarn, 1944. (Foto: Bundesarchiv, Bild 101I-715-0212A-26A, © CC-BY-SA-3.0)

Deutsche Militärfahrzeugkolonne mit einem französischen SPA Dvounque 41. (Bundesarchiv, Bild 101I-570-1604-21A, Appe, © CC-BY-SA-3.0)

Im Jahr 1943 werden in Belgien/Frankreich Somua-Halbkettenfahrzeuge entladen. (Foto: Bundesarchiv, Bild 101I-297-1701-18, Müller, © CC-BY-SA-3.0)

Auch erbeutete Albion-Lkw kamen bei der Wehrmacht zum Einsatz. Im Bild zu sehen ein Exemplar der britischen Armee im Jahr 1939. (Foto: Imperial War Museum, © PD)

Vom 5-Tonner Renault AHR 5T setzte die Wehrmacht von 1941 bis 1944 rund 1000 bis 2000 Fahrzeuge ein. (Foto: Kovalykop1)

	Gleisketten-Lkw. 2 to Maultier Opel-Blitz Typ 3,6 - 36 S SSM 1942-1944	Gleisketten-Lkw. 2 to Maultier Ford Typ V 3000 S / SSM 1942-1944	Gleisketten-Lkw. 2 to Maultier Magirus Typ S 3000 / SSM 1942-1944	Gleisketten-Lkw. 4,5 to Maultier Mercedes-Benz Typ L 4500 R 1943-1944
Motor	Vergasermotor	Vergasermotor	Vorkammer-Dieselmotor	Vorkammer-Dieselmotor
	Opel 3,6 Liter	Ford V8 – 3,9 Liter	Deutz F 4 M 513	Daimler-Benz OM 67/4
Zylinderzahl	6	8 (90°-V-Form)	4	6
Bohrung x Hub	90 x 95 mm	81 x 95,25 mm	110 x 130 mm	105 x 140 mm
Hubraum	3626 ccm	3924 ccm	4941 ccm	7274 ccm
Leistung	68 PS bei 3000 U/min	95 PS bei 3500 U/min	80 PS bei 2250 U/min	112 PS bei 2250 U/min
Verdichtung	1:6	1:5,9	1:22	1:20
Vergaser	1 Solex 35 JFP	1 Solex 30 FFIK	–	–
Einspritzpumpe	–	–	Deutz	Bosch oder Deckel
Ventile	Hängend	Stehend	Hängend	Hängend
	Seitliche Nockenwelle	Zentrale Nockenwelle	Seitliche Nockenwelle	Seitliche Nockenwelle
	Antrieb durch Stirnräder	Antrieb durch Stirnräder	Antrieb durch Stirnräder	Antrieb durch Stirnräder
Kurbelwellenlager	4	3	5	7
Kühlung	Wasser/Pumpe	Wasser/2 Pumpen	Wasser/Pumpe	Wasser/Pumpe
Batterie	12 V50 Ah	12 V50 Ah	2 x 12 V 90 Ah	2 x 12 V 105 Ah
Kraftübertragung	Antrieb auf Ketten-Laufwerk	Antrieb auf Ketten-Laufwerk	Antrieb auf Ketten-Laufwerk	Antrieb auf Ketten-Laufwerk
	Einscheibentrockenkupplung	Einscheibentrockenkupplung	Einscheibentrockenkupplung	Einscheibentrockenkupplung
	Schalthebel Wagenmitte	Schalthebel Wagenmitte	Schalthebel Wagenmitte	Schalthebel Wagenmitte
Getriebe	5 Gang	5 Gang	5 Gang	5 Gang
Übersetzungen	I. 7,84, II. 4,82, III. 2,71,	Gelände 8,30	I. 6,00, II. 3,01, III. 1,668	I. 5,40, II. 3,00, III. 1,67
	IV. 1,58, V. 1,00	I. 5,06, II. 3,09, III. 1,69, IV. 1,00	IV. 1,00, V. 0,726	IV. 1,00, V. 0,725
Antriebs-Übersetzung	6,83	6,66	6,80	9,20
Fahrwerk		U-Profil-Rahmen		U-Profil-Rahmen
Vorderradaufhängung		starr, Halbfedern		starr, Halbfedern
Ketten-Laufwerk		2 Gleisketten zu je		2 Gleisketten zu je
		83 Glieder, Teilung 90,25 mm		104 Glieder, Teilung 91 mm
		Triebrad vorn, Leitrad hinten		Triebrad vorn, Leitrad hinten
		4 mittelgroße Laufräder		5 mittelgroße Laufräder
		2 Stützrollen		3 Stützrollen
		Je 1 Schraubenfeder		Je 1 Viertelfeder
		für je 2 Laufräder		für jedes Laufrad
Lenkung		Schneckenlenkung +		Schneckenlenkung +
		mechanische Lenkbremse		mechanische Lenkbremse
Fußbremse		Hydraulisch		Hydraulisch/Druckluft
Fußbremse wirkt auf		Vorderräder +		Vorderräder +
		Triebräder der Gleisketten		Triebräder der Gleisketten
Allgemeine Daten				
Kettenauflage	7518 mm	7518 mm	7518 mm	2400 mm
Kettenlänge	1542 mm	1650 mm	1640 mm	9464 mm
Spur Vorderräder	1790 mm	1790 mm	1780 mm	1860 mm
Spur Gleisketten				1800 mm
Kettenbreite				300 mm
Gesamtmaße	6000 x 2280 x 2025 mm	6325 x 2245 x 2100 mm	Lkw. mit Plane:	Lkw. mit Plane:
	Lkw. mit Plane:	Lkw. mit Plane:		
	6000 x 2280 x 2710 mm	6325 x 2245 x 2780 mm	6120 x 2220 x 2800 mm	7860 x 2360 x 3215 mm
		Mit Einheits-Kofferaufbau:		
		6460 x 2115 x 3000 mm		
Ladefläche der Pritsche	3500 x 2125 mm	3500 x 2110 mm	3500 x 2100 mm	5000 x 2200 mm
Reifen Vorderräder	190—20 Gelände	190-20 Gelände	190-20 Gelände	270-20 Gelände
Bodenfreiheit	260 mm	270 mm	250 mm	340 mm
Watfähigkeit	440 mm	440 mm	700 mm	700 mm
Wendekreis-ø	19 Meter ohne Lenkbremse	19 Meter ohne Lenkbremse	19 Meter ohne Lenkbremse	16 Meter mit Lenkbremse
	15 Meter mit Lenkbremse	15 Meter mit Lenkbremse	15 Meter mit Lenkbremse	
Fahrzeuggewicht	3930 kg	Mit Pritschenaufbau 3860 kg	4650 kg	7740 kg
		Mit Kofferaufbau 4430 kg		
Zuläss. Gesamtgewicht	5930 kg	Mit Pritschenaufbau 5860 kg	6650 kg	12700 kg
		Mit Kofferaufbau 6180 kg		
Nutzlast	2000 kg	Mit Pritschenaufbau 2000 kg	2000 kg	4500 kg
Anhängelast		Mit Kofferaufbau 1750 kg		
Höchstgeschwindigkeit	38 km/h	39,5 km/h	38 km/h	36 km/h
Verbrauch/100 km	Straße 50, Gelände 100 Liter	Straße 60, Gelände 120 Liter	Str. 40, Gelände 80 l Diesel	Str. 70, Gelände 140 l Diesel
Kraftstofftank	82 Liter	110 Liter	70 Liter	140 Liter
Fahrbereich	Straße 160, Gelände 80 km	Straße 180, Gelände 90 km	Straße 170, Gelände 80 km	Straße 200, Gelände 100 km

WEITERE INTERESSANTE BÜCHER ZUM THEMA

Mit dem Panzerkampfwagen V Panther erschien 1943 das beste Kampffahrzeug des Zweiten Weltkriegs auf dem Gefechtsfeld. Hier werden die Entstehung und der Weg des Panther und seiner Abarten wissenschaftlich dokumentiert.

280 Seiten, 580 Abbildungen, Format 230 x 265 mm
ISBN 978-3-613-03165-4
€ 19,95 / € (A) 20,60

Dieser neu aufgelegte Klassiker dokumentiert jeden Entwicklungsschritt dieser leichten Jagdpanzer, skizziert ihre Einsätze und stellt ihr Innenleben sowie ihre Bewaffnung in vielen aussagenstarken Fotos vor.

200 Seiten, 330 Abbildungen, Format 230 x 265 mm
ISBN 978-3-613-04032-8
€ 19,95 / € (A) 20,60

Selten hat ein Panzerfahrzeug die Gemüter von Fachleuten und Laien so erregt, wie der »Tiger« der Deutschen Wehrmacht. In diesem Band stellen die Autoren die verschiedenen »Tiger«-Ausführungen von allen Seiten vor.

216 Seiten, 589 Abbildungen, Format 230 x 265 mm
ISBN 978-3-613-03164-7
€ 19,95 / € (A) 20,60

Walter J. Spielberger schildert in seinem Buch souverän die Entwicklungs- und Einsatzgeschichte der Panzerkampfwagen 35/38(t) und dokumentiert akribisch sämtliche Details zu ihrer Technik und Ausstattung.

272 Seiten, 503 Abbildungen, Format 230 x 265 mm
ISBN 978-3-613-03600-0
€ 19,95 / € (A) 20,60

Stand Mai 2019
Änderungen in Preis
und Lieferfähigkeit vorbehalten.

Überall, wo es Bücher gibt, oder unter
WWW.MOTORBUCH-VERSAND.DE
Service-Hotline: 0711/78 99 21 51

Motor buch Verlag